STUDY ON COMMERCIAL POTATO DISEASES AND INSECT PESTS RISK MANAGEMENT IN CHINA SEMI-ARID AREA

"马铃薯主粮化"研究系列丛书

我国半干旱区商品马铃薯病虫害风险管理研究

● 黄泽颖　郭燕枝　著 ●

中国农业科学技术出版社

图书在版编目（CIP）数据

我国半干旱区商品马铃薯病虫害风险管理研究／黄泽颖，郭燕枝著．
—北京：中国农业科学技术出版社，2018.8

ISBN 978-7-5116-3768-0

Ⅰ.①我… Ⅱ.①黄…②郭… Ⅲ.①干旱区-马铃薯-病虫害防治-
风险管理-研究-中国 Ⅳ.①S435.32

中国版本图书馆 CIP 数据核字（2018）第 142797 号

责任编辑 徐 毅
责任校对 马广洋

出 版 者 中国农业科学技术出版社
　　　　　北京市中关村南大街 12 号 邮编：100081
电 话 （010）82106636（编辑室） （010）82109702（发行部）
　　　　　（010）82109709（读者服务部）
传 真 （010）82106636
网 址 http://www.castp.cn
经 销 者 各地新华书店
印 刷 者 北京富泰印刷有限责任公司
开 本 710mm×1 000mm 1/16
印 张 7.75
字 数 110 千字
版 次 2018 年 8 月第 1 版 2018 年 8 月第 1 次印刷
定 价 20.00 元

《"马铃薯主粮化"研究系列》
丛书编委会

摘　要

　　马铃薯作为仅次于水稻、玉米、小麦的第四大粮食作物，是我国重要的粮食、蔬菜、饲料和工业原料兼用作物。马铃薯主粮化战略实施以来，引起社会各界广泛关注，全国对优质专用马铃薯品种重视程度越来越大。然而病虫害是影响商品薯产量和品质的风险之一。陕西、甘肃、青海等省是我国西北干旱半干旱地区马铃薯重要生产区域，马铃薯产业对当地经济发展和农民增收具有重要作用，减轻商品薯病虫害风险有利于半干旱区商品薯产业的可持续发展。本书以"中国马铃薯之乡"甘肃省定西市马铃薯产业为研究对象，探讨马铃薯主粮化战略实施以来商品薯病虫害发生情况、马铃薯保险实施概况以及农户病虫害风险管理行为等问题。

　　基于定西市 24 个农村和 362 个商品薯农户的问卷调查数据，本书对商品薯病虫害发生情况以及农户对常见病虫害的认知情况进行研究发现，2015—2017 年，定西市主要发生晚疫病、早疫病、蚜虫、蛴螬、地老虎等病虫害，但发生次数、受灾面积、病株率等明显减少。超过 70% 的农户能认识常见病害及其发生规律，同样，也有70% 的农户认识常见的虫害及其发生规律，60% 的农户能认识常见的病虫害，然而，不到 50% 的农户能认识病虫害的发生规律。

　　马铃薯保险是保障农民收入，转移病虫害风险的重要管理策略。2015—2017 年，定西市 90% 左右的商品薯农户购买了农业保险，且较多农户表示比较满意。然而，当前马铃薯保险面临赔付不合理、保障水平不高、对农业保险知识和保险公司的了解程度不深入等瓶颈。

从农户采取防治病虫害技术和风险管理措施方面，超过 80% 以上薯农选用脱毒种薯预防病虫害，70% 左右的薯农采用地膜覆盖栽培技术，60% 的薯农选用低毒高效的农药，且超过 70% 的农户在风险管理过程中至少采用了 2 种风险管理措施。利用多元似乎不相关 Probit 模型进一步研究发现，农户对脱毒种薯的采纳取决于适度种植面积；农户对病虫害发生规律的认知正向显著地影响他们对脱毒种薯、地膜覆盖栽培技术、低毒高效农药的采用；文化教育水平，也正向显著地影响农户对脱毒种薯和低毒高效农药的采用。

基于本书定性定量分析结果，提出强化我国半干旱地区商品马铃薯病虫害风险管理的几点政策建议：提倡适度规模种植，推广脱毒抗病优良种薯；完善马铃薯保险，增强风险转移能力；开展病虫害发生规律的培训，提高农户的认知水平；重视农村教育，提高农户的知识文化水平。

关键词：马铃薯，病虫害，农业风险管理，半干旱区，农业保险

Abstract

The potato is an important grain, vegetable, feed and industrial raw materials, which has become the fourth largest grain crop followed by rice, corn and wheat in China. It has attracted wide attention from all walks of life and more and more attention has been paid to high quality potato varieties since the potato staple food strategy was implemented in China. However, insect pests and diseases is one of the risks that affects the production and quality of commercial potatoes. As the potato main producing area, the Northwest China arid and semi-arid region including Shangxi, Gansu, Qinghai play an important role in developing local economic and increasing farmers' income. It is favorable to help sustainable development of commerical potato industry in the semi-arid area by reducing diseases and insect pests risk. As the China potato hometown, Dingxi city in Gansu province was taken as the study object to explore general situation of diseases and insect pests occurrence, potato insurance implementation, farmers' cognition of diseases and insect pests and their risk management behavior from 2015 to 2017.

Based on questionaire data from 24 villages and 362 commerical potato farmers, it was found that the major diseases and insect pests, such as late blight, early blight, aphids and grubs took place in Dingxi city from 2015 to 2017, but occurrence frequency, affected significantly decreased. Over 70% of the farmers knew common insect pests and their occurrence as well as common diseases and their occurrence regularity. 60% of farmers realized common diseases and insect pests. However, less than half of the farmers knew occurrence rules of plant diseases and insect pests.

Potato insurance is the impantant management strategy to protect farmers' income and to transfer the diseases and pests risk. About 90% of commerical potato farmers purchased potato insurance and more farmers were satisfied with it. However, the current insurance faced some bottlenecks, such as unreasonable compensation, low protection level and low understanding level.

From the perspective of farmers' access to pest control technology and risk management measures, more than 80% of potato farmers chose virus free seed potatoes to prevent plant diseases and insect pests. Around 70% of farmers adopted mulched cultivating technology. 60% of farmers used low toxic and efficient pesticides, and over 70% of farmers used at lesat two kinds of risk management measures. By further using seemingly unrelated multivariate probit model, it was found that farmers' adoption of virus free seed potatoes depended on appropriate planting area. Farmers' cognition of the occurrence regularity of pests and diseases took positive and significant influence on their adoption of virus free seed potatoes, mulched cultivating technology, toxic and efficient pesticides. Farmers' education level positively and significantly influenced their adoption of virus free seed potatoes and efficient pesticides.

Based on the qualitative and quantitative analysis, the policy implications on strengthening the risk management of potato diseases insect pests in semi-arid regions of China included promoting virus free seed potatoes by advocating appropriate planting area, enhancing risk transfer ability by improving potato insurance, enchancing the cognition level of farmers by implementing the training on insect pest occurrence regularity, improving farmers' knowledge level by paying attention to rural education.

Key words: Potato, Diseases and pests, Agricultural risk management, Semi-arid area, Agricultural insurance

目　　录

第一章 导　论

一、研究背景

农业生产是自然再生产和经济再生产相交织的基础产业，对自然条件和社会经济环境均有极强的依赖性。农业是一个弱质产业和高风险产业，由于生产和经营过程的特殊性，容易遭受自然、经济、社会因素的影响，导致损失的不确定性。通常情况下，投入成本、动物疾病、病虫害、财务、税收、法律法规、政策等均是农业生产经营的风险因素。病虫害是影响我国农作物可持续生产的主要灾害之一。如图1-1所示，2010—2016年，我国频繁遭受病虫害影响，虽然病虫害的发生面积持续减少（从2012年的384 621千公顷逐年下降到2016年的321 800千公顷，减少了16.33%），但病虫害仍未彻底根除，每年至少有320 000千公顷的受灾面积。

如图1-2所示，在我国境内，病虫害对棉花、油料和粮食造成不小损失，其中，粮食的实际损失最大，2010—2016年均损失14 494 371.43吨，其次是油料（681 104.14吨）、棉花（331 091.86吨）。近7年来，粮食和棉花实际损失整体减少，粮食损失量从16 211 916吨（2010年）减少到12 295 834吨（2016年），降低了24.16%；棉花损失量从340 514吨（2010年）减少为242 305吨

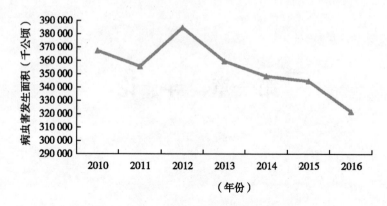

图1-1 2010—2016年我国病虫害发生面积

数据来源:《中国农业统计资料(2010—2016年)》

(2016年),降低了28.84%。而油料损失量波动较大,在590 000吨和780 000吨区间内波动。

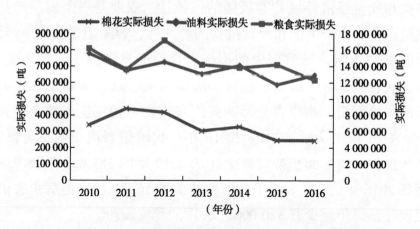

图1-2 2010—2016年我国病虫害对粮食、棉花和油料造成的实际损失

数据来源:《中国农业统计资料(2010—2016年)》

　　半干旱区,是指年均降水量250~500毫米的气候类型区。由于降水量年内和年际分布不均匀,旱灾频繁发生,春旱常导致延迟播种,对作物产量影响巨大。我国半干旱区位于亚欧大陆内部,包括河北、内蒙古自治区(以下简称内蒙古)、山西、陕西、宁夏回族自治区

（以下简称宁夏）、甘肃和青海等省（区）。如表1-1所示，河北省的受灾面积最大（年均 29 697.29 千公顷），其次是陕西省（年均 11 960.71 千公顷）、山西省（年均 9 008 千公顷）。2012 年后，河北、山西、陕西等省的病虫害发生面积逐年减少。然而，甘肃省的病虫害仍比较严重，发生面积没有显著减少。

表1-1 2010—2016 年我国半干旱区病虫害发生面积 （单位：千公顷）

年份	河北	内蒙古	山西	陕西	宁夏	甘肃	青海
2010	29 444	5 671	9 282	11 236	2 211	5 989	643
2011	32 294	7 225	9 320	12 052	1 944	6 147	622
2012	32 289	8 324	9 954	13 063	2 238	7 699	657
2013	29 331	9 077	9 724	12 353	736	7 218	736
2014	29 159	7 363	9 227	12 099	2 391	7 213	722
2015	28 589	7 326	7 911	11 889	2 229	7 273	619
2016	26 775	5 822	7 638	11 033	2 105	6 143	576

数据来源：《中国农业统计资料（2010—2016 年）》

如表1-2 所示，2010—2016 年，病虫害造成河北、内蒙古、陕西等省（区）的粮食损失最大，河北省年均损失618 323.9吨粮食，内蒙古自治区损失663 173.1吨，陕西省损失388 595.7吨。然而，病虫害对半干旱区粮食造成的实际损失整体递减，其中，河北省和甘肃省预防病虫害的效果尤为明显，河北省粮食实际损失量减少了42.74%，甘肃省减少了36.02%。

表1-2 2010—2016 年病虫害对我国半干旱区粮食造成的实际损失（单位：吨）

年份	河北	内蒙古	山西	陕西	宁夏	甘肃	青海
2010	873 482	558 571	307 987	423 136	184 509	306 260	33 995
2011	618 564	446 169	214 493	414 377	231 569	222 737	31 598
2012	624 193	827 580	274 304	498 542	198 205	401 620	35 390
2013	530 464	952 436	256 841	405 959	153 056	356 903	35 174

（续表）

年份	河北	内蒙古	山西	陕西	宁夏	甘肃	青海
2014	580 370	628 625	326 467	308 007	149 827	332 463	33 410
2015	601 010	715 319	205 349	347 387	167 814	253 323	20 579
2016	500 184	513 512	256 442	322 762	119 494	195 957	27 993

数据来源：《中国农业统计资料（2010—2016 年）》

　　马铃薯是一年生的茄科草本作物，素有"能源植物""地下苹果""第二面包"的美称，是一种粮菜兼用，适宜做食品原料的经济作物，具有丰产性好、适应性强、经济效益高等显著特点，因其营养价值全面丰富，口感极佳，能与多种食材搭配烹调出别具特色的菜肴，在人们日常饮食中占据重要地位。我国是世界第一大马铃薯生产国，种植面积和产量均占世界的 1/4 左右，马铃薯生产风险对世界马铃薯产量影响深远。为保障国家粮食安全，多途径开发食物资源，2013—2015 年，我国提出并启动了马铃薯主粮化战略，马铃薯作为稻米、小麦、玉米外的第四大主粮作物，在粮食中的地位与日俱增，2016 年，农业部提出《马铃薯产业开发的指导意见》，使商品马铃薯（以下简称商品薯）的目标需求量大幅增加。

　　马铃薯主要依靠块茎无性繁殖，在很大程度上，无性繁殖可以遗传亲本的优点，生长速度较快。但是，在无性繁殖过程中，马铃薯较不容易发生基因突变，个体对外界的适应能力差，无性繁殖可将亲本已感染病害传递给子代，在生长过程中极易遭受病虫害，导致产量、品质与外观下降，降低了马铃薯的商品性。如果不采取适当的应对措施，病原体与病虫害数量将难以减少，农户收入的稳定性、农产品生产安全和市场竞争力、农业的可持续发展将无法得到保障。因此，保障马铃薯主粮化战略的实施，亟待加强半干旱区商品薯病虫害风险管理研究。

二、问题的提出

在半干旱区，甘肃省定西市马铃薯产业的集聚程度较高，具有一定的典型性和代表性，围绕该市商品薯病虫害的发生概况与风险管理情况，拟提出以下 3 个研究问题。

第一，半干旱区商品薯的病虫害发生情况及农户的病虫害认知是怎样的？

半干旱区适合马铃薯生长，是我国马铃薯生产和消费的主要区域，但当地病虫害发生频繁。认知被称为认识，是指人认识外界事物的过程（张亚旭、周晓林，2011）。认知也会影响行为和结果（李岩梅等，2007）。农户作为农业生产经营的微观决策主体，在农业生产过程中难免会面临到风险，从而影响其生产决策和技术采用行为。作为病虫害风险管理主体，农户对病虫害的认知在一定程度上影响了风险管理效果。近年来，关于半干旱区商品薯病虫害的发生和农户认知情况较少被统计。因此，了解定西市近年来病害与虫害的发生情况和考察农户的病虫害认知程度，有助于政府和农户做出科学有效的防治决策。

第二，半干旱区商品薯保险实施情况与效果如何？

农业保险，是指专为农业生产者在从事农业生产过程中，对自然灾害、病虫害、动物疫病、价格波动等保险事故所造成的经济损失提供保障的一种保险，在农业风险管理领域是最有效的事前应对策略之一，发挥着农业风险转移、经济补偿、资金融通等方面的作用。我国于 1949 年实施商业性农业保险，2004 年启动政策性农业保险。自 2008 年起，我国农业保险业务规模仅次于美国，位居世界第二。半干旱地区的病虫害多发，导致马铃薯产量锐减。为补偿灾后损失，定西市从 2012 年开始，实行马铃薯保险承保工作。调查并分析我国定西市马铃薯保险实施概况、成效与问题，并提出相应对策建议，有助于更好地发挥农业保险"支农、惠农"功效。

第三，半干旱区商品薯农户是否采取病虫害风险管理措施及其影响因素是什么？

农户的病虫害风险管理行为不仅是生产决策的主要内容，也是减少病虫害风险的关键措施，农户采取科学有效的风险管理措施至关重要。农户是否在农业生产中积极采用管理措施受到很多因素影响。探讨定西市商品薯农户风险管理行为背后的影响因素，有助于引导和优化农户行为，更好地在商品薯生产中推行有效措施。

三、研究目的与意义

（一）研究目的

农业是一个高风险产业，由于其独特的生产经营方式有别于工业、服务业，在生产过程中隐含着众多风险。要实现马铃薯高产优质，采用科学有效的病虫害风险管理措施，并提高农业供给体系的质量和效率显得尤为必要。基于前人的研究基础，根据马铃薯产业实际情况，以半干旱区马铃薯病虫害风险与管理为分析框架，通过梳理研究现状与数据来源，以甘肃省定西市商品薯的病虫害发生特征及农户的病虫害认知、马铃薯保险实施情况与效果、农户的病虫害风险管理行为及其影响因素 3 个核心问题研究病虫害风险管理效果与策略改善，最终实现商品薯产业可持续发展。

（二）研究意义

马铃薯是重要的蔬菜和加工原料，也是我国第四大粮食作物，在农业中具有重要地位。然而，病虫害对马铃薯生产的威胁已成为亟待解决的问题。因此，寻求有效的风险管理策略具有重要的现实意义与实践意义。首先，判断近年来病虫害在商品薯的发生特征及农户认知，揭示病虫害的影响程度和农户的认知程度，加深对病虫害的认知，为制定有效的风险管理措施提供研判依据；其次，农业保险是农业风险管理的有效工具，其作为农业生产灾后损失的补偿功能，是任何其他灾前防范措施不可替代的（王振军，2014）。了解当前马铃薯保险的实施概况、效果与问题，有助于完善农业保险并充分发挥其作用；最后，分析农户的病虫害风险管理行为及其影响因素，阐述其内在行为逻辑，能更好地推广技术与措施，调动农户的农业风险管理积极性，为农业增产增效提供实证依据。

四、文献综述

为把握相关研究动态和发展脉络，为接下来的研究提供参考，拟根据上述研究问题，搜集、整理与归纳灾害认知、马铃薯保险、农户农业风险管理等相关文献。

（一）灾害认知研究综述

灾害已成为威胁人类生存和健康的重要公共问题。世界卫生组织（WHO）对"灾害"定义为任何能引起设施破坏、经济严重损失、人员伤亡、健康状况及社会卫生服务条件恶化的事件，当其破坏力超过了发生地区所能承受的程度而不得不向该地区以外的地区求援时，即可称为灾害。对灾害的认知，是人类进行响应与适应的主要依据（葛全胜等，2004）。为有效防范灾害，国内学术界对民众的灾害认知开展了研究，取得了一些有价值的研究成果。例如，姜丽萍等（2011）采用整群抽样方法对浙江省434名居民进行问卷调查发现，台风登陆区居民对台风灾害的风险认知明显高于周边区居民。祝雪花等（2012）基于问卷调查，发现受灾民众和未受灾民众对重大灾害性事件的风险认知较低，受灾民众对台风的风险认知明显高于未受灾民众。孙业红等（2015）采用问卷调查数据研究发现，与非旅游社区相比，旅游社区灾害风险认知水平相对更高，对灾害较为敏感。

此外，政府人员、市民、农户、学生等群体的灾害认知也成为学者们的研究对象。政府人员的灾害认知方面，靳一凡等（2015）利用问卷调查与访谈法，对青海省玉树区县及乡镇政府人员的地震灾害认知水平进行分析发现，当地政府工作人员对地震灾害基本知识的掌握程度较差，尤其对部分专业概念及其之间的相互关系的辨识能力不足。

市民灾害认知方面：文彦君（2011）通过问卷调查发现，宝鸡市宝钛小区居民对地震灾害基本知识掌握较好，但准确性和深度不够。段焱焱等（2014）对浙江省243个社区居民进行问卷调查发现，社区居民对地震、火灾、煤气泄漏等灾害有一定的关注和了解，应灾态度积极，但对灾害的认知较为局限和片面。薛娜、许敏（2015）基于吉林市城区396名居民开展问卷调查发现，40～49岁，男性、博士学历、医务人员、离异等居民对自然灾害认知程度最高。

农户灾害认知方面：魏本勇等（2012）基于问卷调查发现，云南省宁洱地区农村家庭对地震灾害知识和防震减灾有效方法的认知程度较差，受经济收入和教育水平等因素的影响，农村家庭地震灾害的认知水平和响应能力呈明显的差异性。Biswas 等（2015）问卷调查出现，孟加拉国农民的灾害认知受性别、年龄、受教育程度等的影响。谷政、卢亚娟（2015）对江苏省农户进行调查发现，约70%的农户能认识到天气变化，主要通过自己感知的方式认知天气变化，约90%的农户认为气候变化表现为温度上升。

学生灾害认知方面：Baytiyeh 等（2016）对黎巴嫩和土耳其高中生的地震灾害认知进行问卷调查发现，感知危险概率、教育作用和宿命信念是显著影响因素。

综上所述，已有研究侧重调查问卷询问受访群体的认知。然而，研究视角尚存一些差异，当前较多集中在地震、台风等自然灾害认知的研究，而较少研究病虫害等认知。因此，下一阶段的研究应考虑将重心放在农户的病虫害认知。

（二）马铃薯保险研究综述

当前学者主要着眼于分析甘肃马铃薯保险，并从不同视角提出了自己的见解。定性研究方面，学者们主要通过调研和宏观数据对国内马铃薯保险推行现状进行分析，如柏正杰、宋华（2012）指出了政策性农业保险对甘肃马铃薯产业发展的思路。郭江（2013）对定西市政策性马铃薯保险开展情况、实际效果与问题开展调查。牛旭鹰（2014）分析了2012—2013年定西市马铃薯保险现状、保费、农业保险监管以及存在的问题。还有学者对国外的经验进行介绍，李璐伊（2016）介绍了荷兰和美国马铃薯产业的金融支持方式，为我国马铃薯保险发展提供借鉴与启发。

马铃薯产品保险设计和优化方面：王振军（2015）根据甘肃省庆城县、环县和华池县在1981—2013年期间的历年降水量和马铃薯生产的实际单产数据，设计了马铃薯生产在不同降水量指数下的理赔指数，并厘定了马铃薯旱灾气象指数保险的纯保险费率。张宗军等（2016）利用1991—2014年马铃薯生产的单产数据，对甘肃省55个县区马铃薯的单产趋势进行拟合，采用经验费率法计算了各县区马铃薯保险的纯费率，提出了农业保险保费补贴机制优化方案。塔娜（2016）针对乌兰察布马铃薯种植情况，以该地区收入的波动为理赔触发机制，设计马铃薯收入指数保险。

在马铃薯保险模式方面：张琦等（2013）通过建模分析马铃薯保险主体行为选择的影响因素，估算财政补贴率和马铃薯种植户实际负担保险费率，构建并检验"合作制农业保险"模式效能。

购买保险是重要的风险管理手段。在农户层面，一些学者对农户的保险购买决策进行分析，如李阳等（2013）运用Logistic模型研究农户购买政策性马铃薯保险的影响因素，发现农户对马铃薯种植面临最大风险的认知、自然灾害对马铃薯种植的影响程度以及保费补贴3个变量对投保决策有显著影响。

综上所述，马铃薯保险主要在半干旱地区推行，学者们主要研究甘肃省马铃薯保险推行的现状、成效及问题，还提出政策建议优化农业保险或设计新产品。定西市马铃薯保险受到一些学者的关注，然而，马铃薯主粮化战略提出之后，较少学者对马铃薯保险的实施情况进行调查研究。因此，未来的研究重心应密切跟踪马铃薯保险的概况与成效，更好地保障马铃薯产业的可持续发展。

（三）农户农业风险管理文献综述

农户的应灾行为受多种因素的影响。同样，农户病虫害风险管理行为的影响可能来自农户对自然灾害（旱灾、洪涝灾、风雹灾、冷冻灾、台风灾等）、病虫草鼠害、市场价格等风险管理行为的相关文献，主要从农户户主特征、生产特征、主观认知、社会环境、社会资本等方面考虑。农户农业风险管理行为与户主特征关系密切。

性别方面：肯尼亚女性小农户主较为保守，厌恶风险，比男性户主更倾向于采取措施控制植物虫害（Deng 等，2009）。

年龄方面：年龄大的种植户一般有多年的生产管理实践，有助于他们认识新玉米品种的价值，故倾向于采用抗虫性玉米（Alexander 等，2006）。但其他学者研究表明，内蒙古自治区年轻的牧户主比年长的牧户主更倾向于农业风险管理（宝希吉日等，2015）。

婚姻状况方面：尼日利亚已婚农民倾向于在豇豆生产中采用化学害虫防治（Omolehin 等，2007）。

受教育程度方面：受教育程度通常反映户主的沟通能力、阅读能力、决策能力。在内蒙古自治区，如果农户户主的受教育程度越高，则更有能力理解风险管理作用，他们对农业风险的管理程度越高（刘春艳，2017）。然而，有些学者持不同意见，Deng 等（2009）通过实证研究发现，肯尼亚小农户主的受教育程度越高，其非农就业机会越多，户主从事农业劳动的机会成本越高，采取措施控制虫害的积极性越低。

是否担任村干部方面：在江西省，如果农户是村干部，则倾向于采用农业低碳技术（张小有等，2018）。

家庭规模方面：家庭人口越多的农户偏向于采用生物方法防治虫害（Parvar 等，2013）。

家庭总收入方面：家庭总收入高的农户，经济水平高，具有较强的应灾能力，有动力实施农业风险管理（刘春艳，2017）。

家庭农业劳动力人数方面：镇江市农户的家庭农业劳动力人数越多，病虫害防治意愿越强烈（朱友理等，2015）。其他学者却不认同，米松华等（2014）研究结果表明，农户家庭人数越多，采用低碳减排技术的可能性越低。

在生产特征，生产规模方面：已有研究表明，甘肃省、陕西省、山东省和河南省农户的苹果种植规模越大，生产管理专业化程度越高，采用环境友好型技术防治病虫害的可能性越高（马兴栋、霍学喜，2017）；但是，有些学者却不认同，他们认为，广东省、广西壮族自治区（以下简称广西）以及海南省农户的荔枝种植面积越大，越不倾向于采用高接换种应对自然灾害（贺梅英、庄丽娟，2017）。

生产年限方面：农户从事水稻种植的年限越短，反而越有意向采用稻田甲烷减排技术（米松华等，2014）。

农业生产收入比重代表了农户对农业收入的依赖程度：有研究表明，安徽省水稻种植户的生产收入占家庭总收入的比重越高，水稻种植收入的重要性越大，采用病虫害防治技术的概率越高（蔡书凯，2013）；然而，贺梅英、庄丽娟（2017）却认为，荔枝种植户的农业收入在其收入比重越高，采用水肥药一体化技术的意向越低。

在租入耕地占总耕地面积的比重方面：蔡书凯（2013）研究发现，租入耕地占比对农户防治病虫害的决策有负向影响，抑制了他们防治病虫害。

至于是否参加农业技术培训：学者们持不同见解，马兴栋、霍学喜（2017）分析指出，参加过技术培训的苹果种植户与采纳技术防治病虫害有正向关系；而张小有等（2018）却认为，若农户未参加过技术培训，反而促进了农业低碳技术的采用。

学者们在农户兼业化方面也有争议：由于农业比较效益偏低，当前一些农户存在不同程度的兼业行为。兼业的荔枝农户倾向于采用荔枝间伐应对自然风险（贺梅英、庄丽娟，2017）；而兼业的农户对农业低碳技术的采纳概率较低（张小有等，2018）。

在获得农业贷款难易程度方面：米松华等（2014）通过实证研究发现，容易获得贷款的农户，有动力采取低碳减排技术。

在是否参加农业社会化服务方面：Barungi 等（2013）认为，在乌干达，参加农业社会化服务的农户，得到专业化的技术指导，采用水土流失控制技术的意愿更为强烈。

在主观认知与风险偏好，气候变化认知方面：如果种植户认识到气候变化，则采用低碳减排技术的强度越大（米松华等，2014）。

在知识储备方面：当前印度尼西亚的洋葱种植户对害虫防治知识有所了解，采用生态害虫控制技术的积极性较高（Jaya等，2015）。农户风险偏好对农户生产行为的影响也越来越强烈（陈新建，2017）。例如，张小有等（2018）论证了农户的风险偏好是影响低碳农业技术选择的重要原因之一，风险偏好对技术选择也具有重要影响。

在社会环境，网络可及性方面：农户所在村周边如果拥有流畅的网络，则方便他们获取网络信息服务，能明显增强他们采用环境友好型技术的意愿（马兴栋、霍学喜，2017）。

交通便利性方面：农户所在村的交通便利，有助于他们采用病虫害防治技术（马兴栋、霍学喜，2017）。

是否经历过自然灾害方面：农户遭受过自然灾害对他们采用荔枝高接换种有正向显著的影响（贺梅英、庄丽娟，2017）。

遭受灾害程度方面：农户遭受的灾害程度抑制了他们对荔枝高接换种的积极性（贺梅英、庄丽娟，2017）。

地区方面：区域差异对农户采用技术应对自然风险有显著的影响（贺梅英、庄丽娟，2017）。

社会资本方面：我国农村在本质上是一个"熟人"社会，拥有较多社会网络的农户，其通过这种网络动员和获取社会资源的能力较强，因而，在面临风险冲击时能得到更多的援助（赵雪雁等，2015）。例如，熟识村干部的农户倾向于采用病虫害防治技术（马兴栋，霍学喜，2017）。宝希吉日等（2015）调查发现，一般情况下，与亲戚朋友经常交往的牧户主越能进行农业风险管理。

根据国内外研究现状，农户农业风险管理行为的研究成果丰富，普遍采用离散选择模型开展分析。然而，当前的研究主要着眼笼统的农业风险或自然灾害。由于缺乏有效的调研数据，国内外有关农户病虫害风险管理行为的研究比较薄弱。此外，从微观层面对粮食作物、水果的农业风险管理研究成果较多，而对蔬菜、经济作物、畜禽的研究略显薄弱，尤其是对马铃薯作物的研究。因此，为了支撑政策制定，针对农户的马铃薯病虫害风险管理行为，有待进一步研究。

通过对国内外相关文献的收集和整理，本书对灾害认知、马铃薯保险、农户农业风险管理等方面的研究，有了较为清晰和全面的认识。前人研究成果为本书研究对象、研究内容、研究思路以及研究方法提供了有价值的参考和启示。从已有研究来看，虽然灾害认知的文献越来越多，但关于农户马铃薯病虫害认知的研究成果并不多；关于甘肃省马铃薯保险的现状与实际效果的研究较多，但总体缺乏马铃薯主粮化战略实施以来马铃薯保险推行效果的研究。此外，农户农业风险管理研究不少，但针对马铃薯病虫害风险管理的研究尚不多见，因此，单独针对我国半干旱区商品马铃薯病虫害风险管理的实证研究仍比较缺乏。

五、理论基础

病虫害的发生具有不确定性，其发生的原因是对信息掌握不够，从经济学来看，则表现为不完全信息。在市场失灵的情况下，病虫害风险管理不仅需要政府主导，还需要以农户为主体。

（一）不完全信息理论

经济学领域的分析有一系列的古典假设。在分析完全竞争市场时，通常假定市场信息充分且完全，即市场需求双方对商品的价格、实际成本、收益率、利润等都完全清楚，且能依据这些信息做出理性抉择。然而，现实中这些信息不被完全知晓，市场中的生产者和消费者都不能完全了解确切的商品价格。同时，获取信息也需要成本。产生信息不完全的原因：一是市场参与者的知识有限；二是获得所需信息需要付出代价。市场不完全通常导致市场机制运行出现问题，进而导致市场不均衡和经济效益运行低下，最终导致市场失灵。

人类对大部分事情的感知不完全，导致只能部分掌握事情发展的客观规律。人类与大自然斗争中，人类往往处于劣势（掌握的信息不完全），从而普遍发生自然风险。然而，随着科学技术进步以及自然规律的进一步研究，人类掌握的信息量在不断加大，也可能减少自然风险的发生概率。在这个过程中，信息的搜寻成本阻碍了人类获得完全信息的进程。在农业生产中所做决定的对错受到决策者获得信息完全程度的影响，但是，农业生产者获得的信息通常不完全。农业生产者想要获得的信息是一种及时的信息，它能反映市场特性，但不能反映市场本质，反映不出市场对信息的需求量。由上述可知，由于马铃薯生产者对病虫害发生信息掌握不完全，由此产生了马铃薯病虫害风险。

（二）市场失灵理论

市场失灵理论认为：完全竞争的市场结构是资源配置的最佳方式，但在现实市场经济中，完全竞争市场结构只是一种理论假设。由于垄断、外部性、信息不完全和在公共物品领域，仅仅依靠价格机制来配置资源无法实现效率——帕累托最优，出现了市场失灵。因此，政府干预经济显得十分必要，但政府的干预不是万能的，也要对政府干预加以限定，提高干预效率。

农业风险管理市场中也存在市场管理工具和政策工具。以农业保险为例，农业保险具有公共物品特性，同时，具有一定的外部性，农业风险具有广泛性和巨灾性，如果完全由市场提供，商业保险公司难以承担风险，从而放弃农业保险市场；此外，农户收入水平较低，如果完全由市场行为决定农业保险保费，农户将难以承担巨额保费，将导致农业保险市场缺失。在这种情况下，只有政府干预才能促进农业保险有效开展。因此，农业风险管理市场存在市场失灵，市场干预显得尤为必要。

然而，农户作为农业生产的直接行为人，农业风险管理的终端实施者，而政府仅在农业风险管理中扮演制度供给的角色，这是因为：第一，就效率而言，政府主导风险管理手段的资源配置具有低效性，而农户比较了解农业生产和经营，采用的风险管理手段也具有针对性，最终选择的农业风险管理工具组合也更有效率；第二，从风险管理的成本来看，政府的农业风险管理手段具有普遍性和盲目性，这无疑增大了农业风险管理成本，而由农户主导可最大化降低成本；第三，在现阶段，农业保险、农产品期货等农业风险管理手段一旦离开政府支持，将较难开展，而在政府引导下，农户主导风险管理更能提高自身的积极性；第四，以家庭为单位的个体在农业风险管理机制中最重要，政府和企业农业风险管理决策的目的是帮助以家庭为单位的个体减少自然灾害损失。因此，农业风险管理的主体必须以农户为单位，而政府在农业风险管理中发挥引导和支持的作用，考虑农户旳具体需求，提供合理有效的制度体系。

（三）农户行为理论

农户行为具有行为的一般属性，但所面临的约束条件不同于一般行为或其他行业，使得农户行为研究又具有特殊性。可见，农户行为的理论基础既有行为经济学，又要借鉴农户行为理论。经济学理论假定人的行为是理性的，且追求自身效用最大化。但是，行为经济学理论却认为，人的行为所追求的还包括关注公平、互惠和社会地位等其他方面。传统主流经济学中的"经济人"概念只是根据"经济人"的经济环境和条件提出，并没有根据现实人的特点来分析人的行为和动机；古典和新古典经济学中的"经济人"概念，在面对现实的经济现象（尤其是与非经济因素相结合的经济现象）时的解释还不够充分。

农户分散经营状态下的生产行为主要取决于农户行为选择时的约束条件，并且有主观和客观条件。其中，主观条件主要表现为农户需求（包括生存需求和发展需求）。客观条件为外部条件，主要由自然因素、政策因素和市场因素构成。在既定客观条件下，农户生产行为选择是为了达到一定的目标，而为了实现这一目标就会采取一系列行动。因此，约束条件下的目标成为农户行为的动机，而动机又受制于农户行为的主观条件和客观条件。农户在做生产决策时，要求经营目标最大限度地满足家庭需要，追求生产的最低风险，追求利润最大化。已有文献表明，农户行为理论有三大学派：理性小农学派、组织与生产学派、历史学派。

第一，是以美国经济学家舒尔茨为代表的理性小农学派。

该学派认为农户的决策行为完全理性，与资本主义企业决策行为没有差别，追求利润最大化，并且对价格反应与生产要素的配置行为等都符合帕累托最优原则。在完善的市场条件下，农户的生产要素配置与经营决策行为完全理性，在传统农业中生产要素配置效率低下的情况比较少见（舒尔茨，1964）。之后，加里·贝克尔（1976）等人从理论和方法上，对该学派的思想进行了完善。

第二，是以苏联社会农学家恰雅诺夫（1996）为代表的组织生产学派。

该学派主要从社会学角度分析农户的经济行为，认为农户生产依靠自己，不雇佣劳动力，其生产的目的主要是满足家庭自给需求而不考虑市场需求。所以，农户的行为选择满足自家消费需求和劳动辛苦程度之间的平衡，而不是利润和成本间的平衡，也就是说农户追求的是家庭效用最大化。因此，农户生产经营行为的目标是规避风险，而不是市场利润。这一学派的观点比较适合研究发展中国家农户的生产经营决策。

第三，是以黄宗智（1986）为代表的历史学派。

该学派认为，农户家庭在边际报酬十分低下的情况下仍会继续投入劳动，可能是因为农户家庭没有边际报酬概念或农户家庭受耕地规模制约，家庭劳动剩余过多，由于缺乏很好的就业机会，劳动机会成本几乎为零。该学派在分析，认为新中国的农业"没有发展的增长"和"过密型的商品化"。

因此，研究商品薯农户的马铃薯病虫害风险管理行为应结合上述三大学派的理论基础，收集其自身特征、生产特征、环境特征、制度特征来剖析其行为影响因素。

六、研究内容与方法

（一）研究内容与技术路线

按照研究目的，将半干旱区商品薯病虫害风险及农户认知、马铃薯保险实施情况、农户的商品薯病虫害风险管理行为 3 个核心内容设计为如下 6 个章节。

1. 导论

本书的第一章节为全书的导论，首先阐述研究背景提出研究问题、目的与意义，然后从灾害认知、马铃薯保险、农户农业风险管理行为等 3 个方面进行文献回顾，为本书研究提供方法和思路借鉴，接着提出 3 个相关理论基础，最后概述研究内容、技术路线、研究方法、可能的创新点和主要的难点。

2. 我国半干旱区商品薯产业发展现状

本书的第二章是宏观层面的分析，首先介绍我国半干旱区的自然地理条件，然后从甘肃省定西市的市级、村级和农户层面系统总结 2015—2017 年商品薯的生产、仓储、加工和销售情况。

3. 半干旱区商品薯病虫害发生情况及农户认知

本书的第三章首先介绍常见马铃薯的病害和虫害，其次从农户层面分别分析 2015—2017 年定西市马铃薯病害和虫害的发生次数、受灾面积与产量、病株率、病虫害的种类名称，最后分析农户对常见病害和虫害及其发生规律的认知。

4. 我国半干旱区马铃薯保险实施情况

本书的第四章从定西市的村级和农户层面，对马铃薯保险的实施概况进行介绍，然后阐述马铃薯保险的实施效果，最后剖析马铃薯保险发展中面临的问题。

5. 我国半干旱区农户的商品薯病虫害风险管理行为

为分析商品薯农户的病虫害风险管理行为特征及其影响因素，本书第五章基于定西市 362 个商品薯农户的问卷调查数据，阐述农户的病虫害风险管理情况，其次采用多元似乎不相关 Probit 模型分析他们实施脱毒种薯、地膜覆盖栽培技术、低毒高效农药的影响因素。

6. 结论与政策建议

本书的第六章总结了主要的研究发现，并提出提高农户病虫害认知，完善马铃薯保险，促进农户病虫害风险管理的政策建议，并指出研究不足。

根据研究内容，本书的技术路线如图1-3所示。

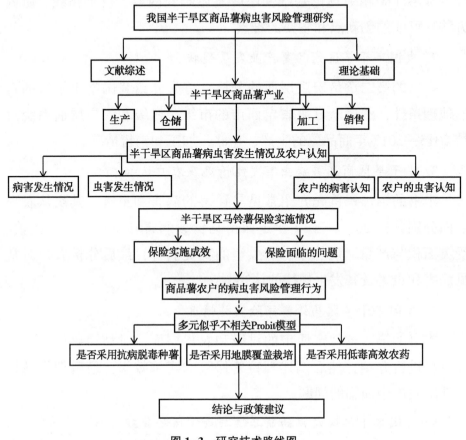

图1-3 研究技术路线图

（二）研究方法

本书主要采用问卷调查法与多元似不相关Probit模型，开展半干旱区商品薯病虫害风险管理研究。

1. 问卷调查法

为了解半干旱区商品薯产业与病虫害风险管理概况，通过设计市级、村级和农户层面的调查问卷，到定西市马铃薯产业办、农村与农户进行实地调研走访和问卷填写，收集整理得到珍贵的一手数据，为分析商品薯生产、仓储、加工与销售以及病虫害发生情况、农户对病虫害发生规律识别、马铃薯保险实施情况与农户的病虫害风险管理状况提供数据支持。

2. 多元似乎不相关 Probit 模型

为分析商品薯种植户的病虫害风险管理行为及其影响因素，以商品薯农户应对病虫害风险行为为研究主体，调查农户是否采用抗病脱毒种薯、地膜覆盖栽培技术、低毒高效农药等 3 种有效病虫害防治措施，考虑同一个种植户采用风险管理措施 3 个方程间的扰动项在理论上很可能存在相关性，所以，建立多元似乎不相关 Probit 模型进行分析。

七、可能的创新点与难点

（一）可能的创新点

基于当前实际和文献，本书的研究内容和研究方法具有一定的创新性。

第一，研究内容的创新。

2015 年我国实施马铃薯主粮化战略以来，全国各省市对马铃薯给予高度重视，然而病虫害是影响商品薯产量和品质的风险之一。因此，本书对 2015—2017 年定西市商品薯产业、病虫害发生情况及农户认知、马铃薯保险、农户病虫害风险管理等内容进行梳理，有利于丰富病虫害风险管理研究。

第二，研究方法的创新。

本书考虑到同一商品薯种植户采用抗病脱毒种薯、地膜覆盖栽培技术、低毒高效农药等 3 种常见病虫害风险管理行为可能存在相关性，为确保统计结果的真实性，采用多元似乎不相关 Probit 模型进行研究。

（二）可能的难点

不可否认，本书需要攻克的难点主要表现在数据获取和模型构建两大方面。

第一，数据获取方面。

根据研究内容，本书需要不少宏观与微观数据做支撑，既需要统计数据，又需要实地调查数据。主要的难度体现在 2 个方面：当前的官方统计年鉴并没有详细统计马铃薯病虫害发生情况，包括病虫害的种类、病株率等。而且，研究半干旱区马铃薯保险实施概况、农户病虫害认知与风险管理行为，除了预调研和自制周密的问卷，还需要在定西市分层抽样若干村长和商品薯种植户进行实地调查，才能确保调查数据的代表性。

第二，模型构建方面。

商品薯农户病虫害风险管理行为及其影响因素要求构建多元似乎不相关 Probit 模型，不仅要根据国内外研究成果构建模型，而且构建的模型需要通过各项统计性指标，并不断尝试不同自变量的类型和赋值方式。

第二章 半干旱区商品马铃薯产业发展现状

根据导论的研究内容，第二章通过描述性分析，首先介绍我国半干旱地区的自然地理条件，然后根据数据来源，从宏观上展示了定西市商品薯的生产、仓储、加工、销售等环节的情况。

一、我国半干旱区的自然地理条件

半干旱区的自然地理特征为：第一，距海较远，受夏季风影响较小，海洋湿润气流被山岭阻隔，难以深入，气候干燥，气温年较差与日较差大，多大风天气；第二，植被大部分为荒漠，一部分为草原，土壤有机质含量较低，可溶性盐分含量较高，生态脆弱，生物种类远比东部季风区少；第三，大部分地区属内流区，河流短小，平地径流主要来源于暴雨形成的暂时性水流，山地径流主要由雨水和冰雪融水补给，湖泊较多，但多为咸水湖。

位于西北半干旱区的定西市是甘肃省辖地级市，位于甘肃省中部，介于东经 103°52′~105°13′、北纬 34°26′~35°35′，北与兰州市、白银市相连，东与平凉市、天水市毗邻、南与陇南市接壤、西与甘南藏族自治州、临夏州交界，总面积 19 609 平方千米，地处黄土高原、甘南高原、陇南山地的交汇地带，属黄土高原丘陵沟壑区，地表植被稀疏，水土流失严重。定西市年均气温 5.7~7.7℃，无霜期

122~160天，年均降水量350~600毫米，主要集中在7月、8月、9月，而蒸发量高达1 400毫米以上。以渭河为界大致分为北部黄土丘陵沟壑区和南部高寒阴湿区2种自然类型。前者包括安定区和通渭、陇西、临洮3县和渭源县。北部占全区总面积的60%，为中温带半干旱区，降水较少，日照充足温差较大；后者包括漳县、岷县2县和渭源县南部，占全市总面积的40%，为暖温带半湿润区海拔高气温低。

独特的地理环境、特殊的气候条件和特征，使定西市成为中药材、草畜、马铃薯的最佳生长地。定西市中药材资源丰富，已查明的中药材有300多种，当归、党参产量分别占全国总产量的70%和40%。处于洮河上游的岷县自古就有"千年药乡"之称，所产当归世称"岷归"，被列为国家原产地认证保护产品。畜草产业发展趋势良好，全市现有天然草场63万公顷，优质牧草留床面积达12万公顷，畜禽饲养和肉类总产量多年来位居甘肃省首位。

甘肃省定西市是全国马铃薯三大主产区之一，常年马铃薯播种面积约占全国的10%，形成了中北部、洮渭流域水川区和中南部3个特色鲜明的区域化种植基地，被认为是"全国乃至全世界范围内最好的马铃薯产区之一"、全国最大的脱毒种薯生产基地、全国重要的商品薯生产基地和熟制品加工基地。由于定西市气候温凉，昼夜温差大，耕地土层深厚，富含钾素，马铃薯生长与当地雨热同期，基本吻合马铃薯块茎膨大期。马铃薯种植区主要位于山区梯田、坡耕地，所产马铃薯形整、质优、颜色亮、薯皮滑、口感香、淀粉含量高，由于产量和质量在全省及全国均处于一流水平，被国家工商总局认定为驰名商标，定西市被中国特产之乡组委会审定命名为"中国马铃薯之乡"。10多年来，定西市在确保种植面积，实现科学布局，提高加工能力，扩大销售渠道，在提升产品质量方面做了大量工作，使马铃薯产业成为富民强市的支柱产业。2007年，定西市提出了打造"中国薯都"的战略构想，实现了定西市由"马铃薯之乡"向"中国薯都"的伟大跨越，发展举措由"洋芋工程"提升为"马铃薯产业"，功能效用由解决农民基本温饱跃升为繁荣城乡经济。

二、数据来源

为了解定西市商品薯生产风险与管理情况，调查内容包括定西市、县、村的商品薯种植情况以及商品薯种植户的基本信息、生产情况与成本收益、储藏和销售情况、参加农业保险情况、生产风险管理等情况。

调查过程分为正式调研和预调研。在开展正式调研之前，课题组邀请6名马铃薯业内专家对自制调查问卷提修改意见，并进行反复修改。2017年8月19—20日，课题组2名研究人员和1名硕士研究生到定西市开展预调研，采用分层抽样和随机抽样相结合的方法，在渭源县的会川镇本庙村和五竹镇五竹村，分别随机选取3个农户和4个农户，在安定区巉口镇石家岔村随机选取3个农户开展面对面的问卷调查。根据样本农户的反馈信息和建议，课题组使问卷表述通俗化，并根据当地情况删除与实际不符的调查问题，增加一些有研究意义的问题。

为确保调查数据的准确性，正式调查之前对5名硕士研究生进行了问卷调查培训。2017年11月6—14日，由课题组的1名研究人员带领5名硕士生，在甘肃省农科院和地方政府的协助下，采用随机抽样和分层抽样相结合的问卷调查方法，第一步，从定西市7个县区随机抽取3个：安定区（全国薯都）、渭源县（全国种薯之都）、临洮县（甘肃第三大产薯大县）；第二步，在这3个区县中，分别随机抽取4个马铃薯代表镇，共12个镇（五竹镇、会川镇、团结镇、宁远镇、峡口镇、李家堡、漫洼镇、祁家庙镇、站滩镇、路园镇、连儿湾镇、香泉镇）；第三步，在这 12 个镇中，从每个镇随机选择 2 个村，共 24 个村（上集村、凡家岭村、双轮磨村、唐家堡村、官路村、小园子村、庙背村、张湾村、杨庄村、潘家岔村、瓦楼村、站滩村、羊嘶川村、羊营村、老地沟村、花川村、薛川村、金华村、陈家屲村、马家岔村、马莲村、鹿鸣村、黑鹰沟村、龙金村）；第四步，每个村再随机选择 15 个种植户，集中在村委会自行填写，辅以指导和问卷检查，当场回收，累计发放调查问卷 365 份，以问卷信息齐全与质量为筛选标准，剔除信息遗漏和明显不合逻辑的无效问卷 3 份，得到有效问卷 362 份，有效率达到 99.18%。从地域分布来看，安定区有效问卷数 122 份，渭源县有效问卷数 122 份，临洮县有效问卷数 118 份，样本分布均衡，具有较好的代表性。

三、我国半干旱区商品马铃薯的生产现状

本书从定西市、受调查农村和农户 3 个层面分析半干旱区商品薯 2015—2017 年的生产现状。在市级层面（表 2-1），2015—2017 年，定西市商品薯种植户稳定在 24.1 万个，2015 年种植总面积有 141 万亩（15 亩=1 公顷，全书同。其中，商品薯品种示范基地 12 万亩），平均亩产 1 300 千克，亩均投入成本 800 元。2016—2017 年，种植总面积减少 1 万亩（140 万亩），但示范基地增加 1 万亩（13 万亩）。2016 年商品薯平均亩产1 300千克，2017 年提高到1 500千克，增长了 15.38%。2016—2017 年，亩均投入成本上涨到 810 元。近 3 年来，定西市种植的商品薯品种是以高淀粉型的陇薯系列与中晚熟鲜食型的冀张薯系列为主。为均衡利用土壤养分，改善土壤理化性状，定西市商品薯轮作倒茬的农作物主要是玉米和小麦。

表 2-1 2015—2017 年定西市商品薯生产现状

	2015 年	2016 年	2017 年
种植户数（万个）	24.1	24.1	24.1
种植面积（万亩）	141	140	140
亩产（千克）	1 300	1 300	1 500
亩均投入成本（元）	800	810	810

数据来源：调研数据整理

村级层面（表 2-2），在 24 个受调查的农村中，平均每个村至少有 300 个商品薯种植户，随着农地流转与农业规模化经营的推进，种植户的数量有所减少，2015 年有种植户 315 户，2016 年和 2017 年分别只有 301 户和 305 户；2015—2017 年，平均每个村种植商品薯 2 000 亩以上，但由于经济效益不佳，全村商品薯种植面积呈下降趋势，从 2015 年的 2 488.57 亩逐年下降到 2017 年的 2 378.17 亩，下降了 4.44%；受调查村平均商品薯亩产 1 600 千克，由于种植技术和管理措施改进，亩产整体上呈增长趋势，2015 年（1 704.35 千克/亩），2017 年平均亩产量（1 712.92 千克）。由于种子、化肥、农药、地膜等农业物资价格连年攀升，商品薯亩均投入成本逐年增加，从 2015 年的 638.75 元/亩逐年增长到 2017 年 684.58 元/亩，增长了 7.17%。由于科技兴农政策推行，商品薯的机械化程度明显提升，种植环节从 2015 年的 38.52% 提高到 2017 年的 42.46%，收获环节从 2015 年的 28.54% 提高到 2017 年的 37.38%。此外，近 3 年来，为了推进农业生产方式转变，有 15 个农村建设了商品薯品种示范基地，基地面积从 2015 年的 854 亩逐年增长到 2017 年的 925 亩。

表 2-2 2015—2017 年定西市平均每村商品薯生产现状

	2015 年	2016 年	2017 年
种植户数（个）	315	305	301
种植面积（亩）	2 488.57	2 407.5	2 378.17

（续表）

	2015 年	2016 年	2017 年
亩产（千克）	1 704.35	1 608.33	1 712.92
亩均投入成本（元）	638.75	658.33	684.58

数据来源：调研数据整理

受调查农户层面（表 2-3），2015—2017 年，平均每个农户至少种植 9 亩商品薯。根据蛛网模型理论，农业生产者总是根据上一期的价格来决定下一期的产量，由于定西商品薯是一年只产一季，加上市场价格波动，所以，薯农根据上一年的市场行情决定今年的种植规模，2015 年平均每个农户的种植面积 9.84 亩，但由于 2015 年市场行情较好，2016 年薯农扩大种植面积，平均每个薯农种植面积达到 12.41 亩，但由于 2016 年商品薯市场行情急转直下，2017 年薯农减少种植面积，平均种植面积只有 9.48 亩/户。由于干旱、病虫害等影响，2016 年户均收获不及 2015 年，仅有 8.65 亩，收获率低于70%（69.7%）；2017 年，由于旱情和病虫害减轻，收获 8.93 亩/户，收获率高达 94.20%。由于原材料价格、运输费用上涨与需求扩大，逐年拉动了商品薯年均各项投入成本，具体来看，肥料投入费用从 2015 年的 1 770.46 元逐年增加到 2017 年的 1 931.51 元，增长了 9.10%；农药费用从 2015 年的 283.60 元增加到 300.06 元，增长了 5.80%；人工投入费用从 2015 年的 1 157.24 元增加到 2017 年的 1 205.50 元，增长了 4.17%；土地租金从 2015 年的 258 元/亩增加到 2017 年的 366 元/亩，增长了 41.86%。由此可见，土地作为重要的生产资料，由于供给有限，其租赁价格涨幅最大。

表 2-3　2015—2017 年定西市平均每个农户商品薯的生产现状

	2015 年	2016 年	2017 年
种植面积（亩）	9.84	12.41	9.49
收获面积（亩）	9.23	8.65	9.48

（续表）

	2015 年	2016 年	2017 年
肥料投入费用（元）	1 770.46	1 814.56	1 931.51
农药费用（元）	283.60	276.85	300.06
人工费用（元）	1 157.24	1 120.28	1 205.50
每亩土地租金（元）	258	267	366

数据来源：调研数据整理

四、我国半干旱区商品马铃薯的仓储加工现状

为延长鲜薯的上市时间，定西市加快了贮藏库的建设。如表2-4所示，全市马铃薯以农户分散储藏为主，贮藏库数量与储藏量呈逐年上涨趋势，贮藏库从2015年的9.3万个逐年增长到2017年9.47万个，增长了1.83%，储藏量从2015年的345万吨逐年增长到355万吨，增长了2.90%。定西市通过完善基础设施，营造稳定和谐的投资环境，以联产合资的经营模式，建设了一批精深加工企业，延伸了马铃薯产业链，集中生产精细淀粉、粗淀粉、粉条、粉皮、薯条、膨化食品，提高了马铃薯的附加值及产值。目前，全市有2家马铃薯全粉加工企业，马铃薯食品加工企业从2015年的8家增加到2017年的9家，其他加工企业从2015年的23家增加到2017年的24家。以已有马铃薯加工企业区域布局小与农户紧密关系来看，加工企业离农村较远，与农户联系不紧密，收购周边农户商品薯的能力有限，在24个受调查的农村中，仅有6个农村周边10千米范围内建有马铃薯全粉加工企业，有3个农村周边10千米范围内建有食品加工企业，有1个农村周边10千米范围内有其他商品薯加工企业。农户层面，农户贮藏商品薯的方法落后，主要采用地窖储藏（71.55%），

档次低，烂薯率高，还有 12.71%的农户采用半地下储藏窖，9.67%的农户采用靠山储窖。

表 2-4 2015—2017 年定西市商品薯仓储加工情况

	2015 年	2016 年	2017 年
贮藏库（万个）	9.3	9.37	9.47
储藏量（万吨）	345	350	355
全粉加工企业（个）	2	2	2
食品加工企业（个）	8	8	9
其他加工企业（个）	23	24	24

数据来源：调研数据整理

五、我国半干旱区商品马铃薯的销售现状

商品薯销售环节方面，定西商品薯种植大户或村干部牵头成立马铃薯产销合作社，对种植户进行免费的种植培训和指导，提高商品薯质量和产量，最后将社员的商品薯经过简单分类，统一回收和售卖，解决马铃薯销售问题。2015 年以来，马铃薯产销专业合作社的数量增长迅速，从 2015 年的 860 家逐年增长到 2017 年的 1 012 家，增长了 17.67%。

村级方面（表 2-5），据了解，商品薯的销售渠道多样，以农户自行销售为主，该比例逐年增加，从 2015 年的 44.67%增长到 2017 年 47.79%；卖给小商贩的比例略微降低，从 2015 年的 27.71%下降到 2017 年的 27.29%；企业收购比例略微提高，从 2015 年的 9.79%提高到 10%；合作社统销的比例稍有提高，从 2015 年的 4.38%提高到 2017 年的 4.79%；马铃薯的商品率有所提高，农户的鲜薯自留比

例从 2015 年的 13.46% 逐年降低到 2017 年的 10.13%。

表 2-5　2015—2017 年定西市受调查每个农村商品薯销售情况

	2015 年	2016 年	2017 年
农户自行市场销售比例（%）	44.67	46.33	47.79
合作社统销比例（%）	4.38	4.38	4.79
企业收购（%）	9.79	9.58	10.00
卖给小商贩比例（%）	27.71	27.58	27.29
自留比例（%）	13.44	12.13	10.13

数据来源：调研数据整理

在农户层面（表 2-6），商品薯农户种植效益不显著，抑制了薯农的种植积极性。2015—2017 年，黑龙江、内蒙古、陕西、贵州、四川等省（区），纷纷将马铃薯产业作为主导产业强力推进，在全国形成了新一轮竞相发展的势头，严重影响定西市商品薯的外销空间，造成定西市商品薯销量下滑，销售价格连年下降，薯贱伤农，2015年商品薯销售量 8 520.69 千克，销售均价为 1.0 元/千克；2016 年商品薯销售量 8 039.27 千克，销售均价 0.9 元/千克；2017 年商品薯销售量 8 321.40 千克，销售均价 0.8 元/千克。

表 2-6　2015—2017 年定西市受调查农户的商品薯销售情况

	2015 年	2016 年	2017 年
商品薯销售量（千克）	8 520.69	8 039.27	8 321.40
销售均价（元/千克）	1.0	0.9	0.8

数据来源：调研数据整理

六、本章小结

本章主要分析我国半干旱区商品薯生产、仓储、加工与销售的情况。定西市独特的自然环境非常适宜马铃薯生长，使马铃薯产业成为当地的支柱产业，在全国处于领先地位。通过分层随机抽样方法，获取了定西市安定区、渭源县、临洮县 24 个村共 362 个商品薯种植户的问卷调查数据。研究表明，马铃薯主粮化战略实施以来，定西市商品薯产业化程度高，生产、仓储、加工、销售等环节紧密联系。2015—2017 年，种植户有所减少，商品薯的亩产量提升，商品薯机械化程度提高，商品薯品种示范基地扩大，但亩均投入成本上涨；商品薯的贮藏库数量与储藏量逐年上升，马铃薯加工企业也有所增加，但农户仍主要依靠地窖储藏马铃薯，贮藏方法落后；马铃薯产销合作社数量迅速增长，商品薯销售渠道多样，以农户自行销售为主，然而，由于市场行情不佳，商品薯销量不稳定，销售均价近 3 年连年下降。

第三章 半干旱区商品马铃薯病虫害发生情况及农户认知

第二章从宏观上介绍了马铃薯主粮化战略实施以来我国半干旱地区商品薯产加销的发展形势。在此基础上，本章首先阐述了常见的马铃病害和虫害，然后根据微观调查数据分析定西市商品薯病虫害的发生情况，最后剖析商品薯农户的病虫害认知。

一、常见的马铃薯病害和虫害

我国马铃薯种植广，病虫害种类多，主要病虫害多达300多种，发病症状主要表现为马铃薯真菌性病害、细菌性病害、病毒性病害以及虫害等4种。

第一，真菌性病害。

真菌性病害包括晚疫病、早疫病、黑痔病、疮痂病、粉痂病、枯萎病、炭疽病和叶枯病等，其中，晚疫病的发病时期一般在马铃薯开花后，此病严重威胁马铃薯的叶片、茎以及块茎。晚疫病主要症状为马铃薯的叶尖和叶片边缘会出现一些褐绿色的斑点，叶片上也会有白色的霉层，发展至地下则会导致马铃薯薯块变黑并且腐烂。早疫病的发病时间一般是苗期、成株期：苗期发病，幼苗的茎基部生暗褐色病斑，稍陷，有轮纹；成株期发病一般从下部叶片向上部发展，初期叶片呈水渍状暗绿色病斑，扩大后呈圆形或不规则轮纹斑，边缘具有浅绿色或黄色晕环，中部具同心轮纹，潮湿时病部长出黑色霉层，主要症状是病部有（同心）轮纹。黑痣病是马铃薯丝核菌溃疡病的病原菌侵染所致，发病时间一般是苗期，通过侵染地下茎，在地下茎上出现指印状或环剥的黑褐色溃疡面（即病斑），使植株生长受阻（邱广伟，2009）。

第二，细菌性病害。

黑胫病是细菌性病害中的主要病害，马铃薯感染后，植株会逐渐变得矮小，叶片也会不断上翘最后死亡。剖开植物的茎部时，可以观察到其内部颜色已经变为褐色。其他的细菌性病害还包括青枯病、环腐病、软腐病等。

第三，病毒性病害。

马铃薯卷叶病毒是最重要的马铃薯病毒性病害，在所有种植马铃薯的国家普遍发生，易感品种的产量损失甚至高达90%。初期症状由蚜虫传播感染造成，上部叶片卷曲，尤其是小叶的基部，这些叶片趋向于直立且呈淡黄色。对许多品种而言，它们的颜色可能是紫色、粉红色或红色。

第四，虫害。

蚜虫、蛴螬、地老虎是常见的马铃薯虫害。蚜虫对马铃薯的危害和影响程度较大，在适宜的温度和湿度条件下，蚜虫会大量繁殖，主要为害马铃薯的叶片，并集聚在嫩叶和生长点周围，严重抑制生长，从而威胁马铃薯的产量。蛴螬为金龟子的幼虫，幼虫在地下为害马铃薯的根和块茎，把马铃薯的根部咬成乱麻状，把幼嫩块茎吃掉大半，在老块茎上咬成孔洞，严重时，造成田间死苗和毁灭性的灾害。地老虎也称为土蚕、切根虫，以幼虫为害性大，成虫是一种夜蛾，地老虎主要为害马铃薯的幼苗，在贴近地面的地方把幼苗咬断，摧毁整棵苗子，并把咬断的苗拖进虫洞（刘晓东、张墅芸，

2008）。

二、我国半干旱区商品马铃薯病虫害发生情况

近 3 年来，定西市马铃薯病虫害渐趋减轻。如表 3-1 所示，2015—2017 年，定西市商品薯主要遭受晚疫病、早疫病等病害，农户户均遭受病害次数递减，受灾面积、产量和病株率明显降低。2015年，平均每户薯农遭受 1 次病害，最高达到 6 次，主要遭受晚疫病（比例为 40.61%）、早疫病（6.35%）、黑痣病（3.04%）。平均每个农户遭受病害侵袭的商品薯面积 4 亩，受灾产量 1 042.17 千克，病株率29.19%。2016 年，平均每户薯农遭受 0.77 次病害，最多累计 4 次，主要遭受晚疫病（比例为 31.77%）、早疫病（5.80%）、卷叶病（2.76%）。病害的受灾面积平均为 3 亩，受灾产量 924.80 千克，病株率达到 21.42%。2017 年，平均每户薯农遭受病害的发生次数是 0.69次，最多达到 4 次，主要遭受晚疫病（比例为 30.39%）、早疫病（5.25%）、卷叶病（2.21%）。病害的受灾面积 3 亩，受灾产量 759.86千克，病株率达到 18.50%。

表 3-1　2015—2017 年平均每个商品薯农户遭受病害的情况

	2015 年	2016 年	2017 年
遭受病害次数	1	0.77	0.69
受灾面积（亩）	4	3	3
受灾产量（千克）	1 042.17	924.80	759.86
病株率（%）	29.19	21.42	18.50

数据来源：调研数据整理

2015—2017 年，受调查每个农户平均遭受虫害的次数、受灾面积、受灾产量和病株率均显著降低。如表 3-2 所示，2015 年，平均

每个农户遭受虫害 0.6 次，主要遭受蚜虫（比例为 14.36%）、蛴螬（5.25%）、地老虎（4.14%）。虫害受灾面积1.66 亩，受灾产量393.41 千克，病株率达到 11.84%。2016 年，平均每户薯农遭受虫害 0.48 次，主要遭受蚜虫（12.46%）、蛴螬（6.37%）、地老虎（3.87%）。虫害受灾面积1.65 亩，受灾产量 318.68 千克，病株率达到 10.08%。2017 年，平均每户薯农遭受虫害 0.47 次，主要遭受蚜虫（11.33%）、蛴螬（6.35%）、地老虎（3.59%）。虫害受灾面积 1.62 亩，受灾产量 306.63 千克，病株率达到 9.06%。虽然病害和虫害在定西市商品薯发生的次数和造成的损失减少，但病虫害对当地商品薯生产仍存在威胁，彻底根除病虫害仍任重而道远。

表 3-2　2015—2017 年平均每个商品薯农户遭受虫害的情况

	2015 年	2016 年	2017 年
遭受虫害次数	0.60	0.48	0.47
受灾面积（亩）	1.66	1.65	1.62
受灾产量（千克）	393.41	318.68	306.63
病株率（%）	11.84	10.08	9.06

数据来源：调研数据整理

三、商品马铃薯农户对病虫害的认知

鉴于病虫害认知的不易测度性，问卷设置了四道调查题目："您能认识常见病害吗""您能了解常见病害发生规律吗""您是否能认识常见虫害""您是否能了解常见虫害发生规律"，以是否为答案选项。通过整理和分析数据，商品薯农户对病虫害的认知情况如下。

70%以上农户能认识常见病害和病害发生规律。如表 3-3 所示，362 个受调查农户中，较多薯农能认识晚疫病、早疫病等常见病害，达到 267 人（占 73.76%），只有 95 人不能认识（占 26.24%）；相比之下，能了解常见病害发生时间、温度、湿度等规律的薯农人数较少，有 205 人（占 56.63%），157 人不能了解，占 43.37%。

表 3-3 薯农对常见病害及其发生规律的认识情况

	是		否	
	人数	比例（%）	人数	比例（%）
是否认识常见病害	267	73.76	95	26.24
是否了解常见病害发生规律	205	56.63	157	43.37

数据来源：调研数据整理

70%农户能认识常见虫害和虫害发生规律。从调查结果来看（表 3-4），较多农户能认识蚜虫、蛴螬、地老虎等常见虫害，有 257 人（占 70.99%），105 人不能认识，占 29.01%；然而，相比之下，能了解常见虫害发生时间、温湿度等规律的农户比重较低，占 53.87%，而 167 人不能了解，占 46.13%。

表 3-4 薯农对常见虫害及其发生规律的认识情况

	是		否	
	人数	比例（%）	人数	比例（%）
是否认识常见虫害	257	70.99	105	29.01
是否了解常见虫害发生规律	195	53.87	167	46.13

数据来源：调研数据整理

60%农户能认识常见的病害和虫害。在受访的 362 个农户当中（表 3-5），较多农户既能认识常见的病害又能认识常见的虫害（62.43%），接近 20%的农户只能认识其中一种，还有 17.68%的农户对常见的病害和虫害都不认识。不到 50%的农户能认识病虫害的发生规律。在受访的 362 个农户中，较多农户既能认识病害的发生规律，又能认识虫害的发生规律（44.20%），33.70%的农户对病害和虫害发生规律均不认识，仅有 20.10% 的农户只能认识其中一种发生规律。

表 3-5　薯农对常见病虫害及其发生规律的认识情况

	都认识		仅认识其中一种		都不认识	
	人数	比例（%）	人数	比例（%）	人数	比例（%）
认识常见的病害和虫害	226	62.43	72	19.89	64	17.68
认识病害和虫害发生规律	160	44.20	80	20.10	122	33.70

数据来源：调研数据整理

具体来看，男性、中年、汉族、村干部、党员、高中专文化、5口及以上家庭、来自安定区的农户倾向于认识常见病害，如表 3-6 所示。

性别方面：在 296 个男性户主中，大多数能认识常见病害，有 225 人，占 76.01%，而 66 个女性户主中，也是多数认识常见病害，有 42 人（63.64%），相比之下，女性户主比较保守求稳，而男性户主更多承担生产经营的重要角色，所以，认识常见病害的比例较高。

年龄方面：青年户主（16~34 岁）中，67.50% 认识常见病害；中年户主（35~59 岁）中，75.00% 认识常见病害；老年户主（60 岁及以上）中，71.43% 认识常见病害，可见，中年户主由于比青年户主生产经历丰富，但与老年户主比较更愿意学习新事物，所以，认识常见病害的比例较高。

民族方面：汉族户主认识常见病害的比例稍微高。在 343 个汉族户主中，有 73.76% 认识常见病害，而在 19 个少数民族农户户主中，有 73.68% 认识常见病害。

婚姻状况方面：在 32 个未婚户主中，有 65.63% 认识常见病害；在 316 个已婚户主中，74.37% 认识常见病害；在 6 个离异农户户主中，83.33% 认识常见病害；在丧偶户主中，75% 认识常见病害，出乎意料的是，离异户主认识常见病害的比例较高。

在是否担任村干部方面：52 个村干部户主中，82.69%认识常见病害，而在 310 个非村干部户主中，72.26%能认识常见病害。可见，作为农村能人，村干部户主具有较高的学习能力，认识常见病害的比例较高。

在是否中共党员方面：102 个党员户主中，79.41%能认识常见病害，而在 260 个非党员户主中，71.54%认识常见病害，可见，党员户主具有带头学习的作风，认识病害的比例较高。

在文化教育方面：62 个文盲户主中，72.65%能认识常见病害；86 个小学文化户主中，63.95%认识常见病害；153 个初中文化户主中，77.78%认识常见病害；49 个高中专文化户主中，83.67%认识常见病害；12 个大专及以上文化户主中，58.33%认识常见病害，相比而言，高中专文化户主比大专及以上户主拥有较多农业生产阅历，而比初中及以下文化的户主更能掌握病害知识，所以，认识常见病害的比例最高。

在家庭人口方面：6 个 1 口之家中，66.67%认识常见病害；54 个 2 口家庭中，72.22%认识常见病害；57 个 3 口家庭中，71.93%能认识；90 个 4 口家庭中，73.33%能认识；155 个 5 口及以上家庭中，75.48%表示能认识，比较而言，5 口及以上之家的农户之间能频繁沟通与交流，有利于认识常见病害。

地区方面：122 个安定区农户中，82.79%认识常见病害；122 个渭源县农户中，75.41%认识常见病害；118 个临洮县农户中，62.71%能认识。可见，安定区农户认识常见病害的比例较高。

表 3-6　不同农户群体对常见病害的认识情况

类型	分类	是		否	
		人数	比例（%）	人数	比例（%）
性别	男	225	76.01	71	23.99
	女	42	63.64	24	36.36

（续表）

类型	分类	是		否	
		人数	比例（%）	人数	比例（%）
年龄	16~34 岁	27	67.50	13	32.50
	35~59 岁	210	75.00	70	25.00
	60 岁及以上	30	71.43	12	28.57
民族	汉族	253	73.76	90	26.24
	少数民族	14	73.68	5	26.32
婚姻状况	未婚	21	65.63	11	34.38
	已婚	235	74.37	81	25.63
	离异	5	83.33	1	16.67
	丧偶	6	75.00	2	25.00
是否村干部	是	43	82.69	9	17.31
	否	224	72.26	86	27.74
是否党员	是	81	79.41	21	20.59
	否	186	71.54	74	28.46
文化教育	小学以下	45	72.58	17	27.42
	小学	55	63.95	31	36.05
	初中	119	77.78	34	22.22
	高中专	41	83.67	8	16.33
	大专及以上	7	58.33	5	41.67
家庭人口数	1 人	4	66.67	2	33.33
	2 人	39	72.22	15	27.78
	3 人	41	71.93	16	28.07
	4 人	66	73.33	24	26.67
	5 人及以上	117	75.48	38	24.52
地区	安定区	101	82.79	21	17.21
	渭源县	92	75.41	30	24.59
	临洮县	74	62.71	44	37.29

数据来源：调研数据整理

男性、中年、少数民族、非村干部、党员、高中专文化、4 口之家、来自渭源县的农户偏向认识常见虫害，如表3-7所示。

性别方面：在296个男性户主中，大多数人能认识常见虫害（占72.30%），而66个女性户主中，43人（65.15%）认识，相比而言，男性户主认识常见虫害的比例较高。

年龄方面：青年户主中，70%能认识常见虫害；中年户主中，71.43%能认识常见虫害；老年户主中，69.05%认识常见虫害，可见，中年户主认识常见虫害的比例稍微较高。

民族方面：在343个汉族户主中，有70.26%认识常见虫害，而在19个少数民族户主中，有84.21%认识常见虫害，相比之下，少数汉族户主认识常见虫害的比例较高。

婚姻状况方面：在32个未婚户主中，有68.75%认识常见虫害；在316个已婚户主中，71.52%能认识常见虫害；在6个离异户主中，83.33%认识常见虫害；在丧偶户主中，一半的样本能认识常见虫害，可见，离异户主认识常见虫害的比例最高。

在是否担任村干部方面：在52个村干部户主中，69.23%的农户能认识常见虫害，而在310个非村干部户主中，71.29%认识常见虫害，出乎意料的是，非村干部户主认识常见虫害的比例稍微较高。

在是否党员方面：102个党员农户中，74.51%能认识常见虫害，而在260个非党员户主中，69.62%能认识，可见，党员户主认识虫害的比例也较高。

在文化教育方面：62个文盲户主中，67.74%认识常见虫害；86个小学文化户主中，63.95%能认识；153个初中文化户主中，75.16%能认识；49个高中专文化户主中，79.59%能认识；12个大专及以上文化户主中，50.00%能认识常见虫害，比较而言，高中专文化户主认识常见虫害的比例也最高。

在家庭人口方面：6个1口之家中，50.00%能认识常见虫害；54个2口家庭中，75.93%能认识常见虫害；57个3口家庭中，64.91%能认识；90个4口家庭中，78.89%能认识；155个5口及以上家庭中，67.74%能认识，比较而言，4口之家农户能认识常见虫害。

地区方面：122个安定区农户中，74.59%能认识常见虫害；122个渭源县农户中，76.23%能认识常见虫害；118个临洮县农户中，61.86%认识虫害。可见，渭源县的农户认识虫害的比例较高。

表3-7 不同农户群体对常见虫害的认识情况

类型	分类	是		否	
		人数	比例（%）	人数	比例（%）
性别	男	214	72.30	82	27.70
	女	43	65.15	23	34.85
年龄	16~34岁	28	70.00	12	30.00
	35~59岁	200	71.43	80	28.57
	60岁及以上	29	69.05	13	30.95
民族	汉族	241	70.26	102	29.74
	少数民族	16	84.21	3	15.79
婚姻状况	未婚	22	68.75	10	31.25
	已婚	226	71.52	90	28.48
	离异	5	83.33	1	16.67
	丧偶	4	50.00	4	50.00
是否村干部	是	36	69.23	16	30.77
	否	221	71.29	89	28.71
是否党员	是	76	74.51	26	25.49
	否	181	69.62	79	30.38
文化教育	小学以下	42	67.74	20	32.26
	小学	55	63.95	31	36.05
	初中	115	75.16	38	24.84
	高中专	39	79.59	10	20.41
	大专及以上	6	50.00	6	50.00

（续表）

类型	分类	是		否	
		人数	比例（%）	人数	比例（%）
家庭人口数	1 人	3	50.00	3	50.00
	2 人	41	75.93	13	24.07
	3 人	37	64.91	20	35.09
	4 人	71	78.89	19	21.11
	5 人及以上	105	67.74	50	32.26
地区	安定区	91	74.59	31	25.41
	渭源县	93	76.23	29	23.77
	临洮县	73	61.86	45	38.14

数据来源：调研数据整理

男性、老年、少数民族、村干部、党员、初中文化、4 口之家、来自渭源县的农户比较认识常见病害发生规律，如表 3-8 所示。

性别方面：在 296 个男性户主中，超过 50% 能认识常见病害发生时间、温度、湿度等规律，有 169 人，占 57.09%，而 66 个女性户主中，较多认识常见病害发生规律，有 36 人（54.55%），相比而言，男性户主认识病害发生规律的比例略微较高。

年龄方面：青年户主（16~34 岁）中，52.50% 认识常见病害发生规律；中年户主（35~59 岁）中，56.43% 能够认识；老年户主（60 岁及以上）中，61.90% 能认识发生规律，可见，老年户主认识常见病害发生规律的比例稍高。

民族方面：在 343 个汉族户主中，56.27% 认识常见病害发生规律，而在 19 个少数民族户主中，超过 60%（63.16%）认识发生规律，相比之下，少数汉族户主认识规律的比例略微较高。

婚姻状况方面：在 32 个未婚户主中，56.25% 认识发生规律；在 316 个已婚户主中，57.28% 认识发生规律；在 6 个离异户主中，50% 认识发生规律；在丧偶户主中，37.50% 认识常见病害发生规律，可见，已婚户主认识规律的比例最高。

在是否担任村干部方面：在 52 个村干部户主中，65.38%能认识发生规律，而在 310 个非村干部户主中，55.16%认识常见病害发生规律，可见，村干部户主认识常见病害发生规律的比例较高。

在是否党员方面：102 个党员户主中，61.76%的户主认识常见病害发生规律，而在 260 个非党员户主中，54.62%认识常见病害发生规律，可见，党员户主认识病害发生规律的比例也较高。

在受教育程度方面：62 个文盲户主中，54.84%认识常见病害发生规律；86 个小学文化户主中，40.70%能认识发生规律；153 个初中文化户主中，66.67%能够认识发生规律；49 个高中专文化户主中，接近60%（59.18%）能认识发生规律；12 个大专及以上文化的户主中，41.67%能认识发生规律，比较而言，初中文化户主认识发生规律的比例最高。

在家庭人口方面：6 个 1 口之家中，1/3 的户主能认识常见病害发生规律；54 个 2 口家庭中，53.70%能认识规律；57 个 3 口家庭中，54.39%能认识发生规律；90 个 4 口家庭中，60%能认识发生规律；155 个 5 口及以上家庭中，57.42%能认识发生规律，比较而言，4 口之家农户认识常见病害发生规律。

地区方面：122 个安定区农户中，56.56%能认识常见病害发生规律；122 个渭源县农户中，65.57%认识发生规律；118 个临洮县农户中，47.46%认识常见病害发生规律。可见，渭源县农户认识常见病害发生规律的比例较高。

表 3-8　不同农户群体对常见病害发生规律的认识情况

类型	分类	是		否	
		人数	比例（%）	人数	比例（%）
性别	男	169	57.09	127	42.91
	女	36	54.55	30	45.45

（续表）

类型	分类	是		否	
		人数	比例（%）	人数	比例（%）
年龄	16~34岁	21	52.50	19	47.50
	35~59岁	158	56.43	122	43.57
	60岁及以上	26	61.90	16	38.10
民族	汉族	193	56.27	150	43.73
	少数民族	12	63.16	7	36.84
婚姻状况	未婚	18	56.25	14	43.75
	已婚	181	57.28	135	42.72
	离异	3	50.00	3	50.00
	丧偶	3	37.50	5	62.50
是否村干部	是	34	65.38	18	34.62
	否	171	55.16	139	44.84
是否党员	是	63	61.76	39	38.24
	否	142	54.62	118	45.38
文化教育	小学以下	34	54.84	28	45.16
	小学	35	40.70	51	59.30
	初中	102	66.67	51	33.33
	高中专	29	59.18	20	40.82
	大专及以上	5	41.67	7	58.33
家庭人口数	1人	2	33.33	4	66.67
	2人	29	53.70	25	46.30
	3人	31	54.39	26	45.61
	4人	54	60.00	36	40.00
	5人及以上	89	57.42	66	42.58
地区	安定区	69	56.56	53	43.44
	渭源县	80	65.57	42	34.43
	临洮县	56	47.46	62	52.54

数据来源：调研数据整理

男性、老年、少数民族、非村干部、党员、高中专文化、2口之家、来自安定区和渭源县的农户认识蚜虫、蛴螬、地老虎等常见虫害发生规律的比例较高，如表3-9所示。

性别方面：在296个男性户主中，超过50%（55.74%）能认识常见虫害发生规律，而66个女性户主中，较多不认识常见虫害的发生规律（54.55%），相比而言，男性农户认识常见虫害发生规律的比例较高。

年龄方面：青年户主（16~34岁）中，一半认识常见虫害发生规律；中年农户户主（35~59岁）中，53.93%认识发生规律；老年户主（60岁及以上）中，57.14%认识发生规律，可见，老年户主由于生产经营丰富，认识常见虫害发生规律的比例较高。

民族方面：在343个汉族户主中，有52.48%认识常见虫害发生规律，而在19个少数民族户主中，78.95%能认识常见虫害发生规律，相比之下，少数民族户主认识常见虫害发生规律的比例略微较高。

婚姻状况方面：在32个未婚户主中，56.25%认识常见虫害发生规律；316个已婚户主中，54.11%认识常见虫害发生规律；6个离异户主中，50%认识常见虫害发生规律；在丧偶户主中，37.50%认识常见虫害发生规律，由此可见，已婚户主认识常见虫害发生规律的比例最高。

在是否担任村干部方面：52个村干部户主中，53.85%的户主认识常见虫害发生规律，而在310个非村干部户主中，53.87%能认识发生规律，可见，非村干部户主认识常见虫害发生规律的比例较高。

在是否党员方面：102个党员户主中，61.76%的户主认识常见虫害发生规律，而在260个非党员户主中，50.77%认识常见虫害发生规律，可见，党员户主认识虫害发生规律的比例较高。

文化教育方面：62个文盲户主中，50%能认识常见虫害发生规律；86个小学文化户主中，41.86%认识常见虫害发生规律；153个初中文化户主中，58.82%认识常见虫害发生规律；49 个高中专文化户主中，67.35%认识常见虫害发生规律；12 个大专及以上文化的户主中，41.67%认识常见虫害发生规律，相比而言，高中专文化户主认识常见虫害发生规律的比例最高。

在家庭人口方面：6 个 1 口家庭中，1/3 认识常见虫害发生规律；54 个两口家庭中，62.96%认识发生规律；57 个 3 口家庭中，不到50%（47.37%）认识发生规律；90 个 4 口家庭中，55.56%能认识常见虫害发生规律；155 个 5 口及以上家庭中，52.90%认识常见虫害发生规律，比较而言，2 口之家农户认识常见虫害发生规律的比重较高。

地区方面：122 个安定区农户中，59.02%认识常见虫害发生规律；122 个渭源县农户 中，59.02%认识常见虫害发生规律；118 个临洮县农户中，43.22%认识常见虫害发生规律。可见，安定区和渭源县农户认识常见虫害发生规律的比例较高。

表 3-9　不同农户群体对常见虫害发生规律的认识情况

类型	分类	是		否	
		人数	比例（%）	人数	比例（%）
性别	男	165	55.74	131	44.26
	女	30	45.45	36	54.55
年龄	16~34 岁	20	50.00	20	50.00
	35~59 岁	151	53.93	129	46.07
	60 岁及以上	24	57.14	18	42.86
民族	汉族	180	52.48	163	47.52
	少数民族	15	78.95	4	21.05
婚姻状况	未婚	18	56.25	14	43.75
	已婚	171	54.11	145	45.89
	离异	3	50.00	3	50.00
	丧偶	3	37.50	5	62.50

（续表）

类型	分类	是		否	
		人数	比例（%）	人数	比例（%）
是否村干部	是	28	53.85	24	46.15
	否	167	53.87	143	46.13
是否党员	是	63	61.76	39	38.24
	否	132	50.77	128	49.23
文化教育	小学以下	31	50.00	31	50.00
	小学	36	41.86	50	58.14
	初中	90	58.82	63	41.18
	高中专	33	67.35	16	32.65
	大专及以上	5	41.67	7	58.33
家庭人口数	1 人	2	33.33	4	66.67
	2 人	34	62.96	20	37.04
	3 人	27	47.37	30	52.63
	4 人	50	55.56	40	44.44
	5 人及以上	82	52.90	73	47.10
地区	安定区	72	59.02	50	40.98
	渭源县	72	59.02	50	40.98
	临洮县	51	43.22	67	56.78

数据米源：调研数据整理

男性、中年、少数民族、村干部、党员、高中专文化、2 口之家、来自安定区的农户更倾向于认识常见病害和虫害，如表 3-10 所示。

性别方面：在 296 个男性户主中，超过 6 成能认识常见病害和虫害（63.85%），而 66 个女性户主中，也较多能认识常见病害和虫害，占 56.06%，相比而言，男性户主能认识常见病害和虫害的比例较高。

年龄方面：青年户主（16~34 岁）中，57.50%能认识常见病害和虫害；中年户主（35~59 岁）中，63.57%能认识常见病虫害；老年户主（60 岁及以上）中，57.14%能认识常见病虫害，可见，中年户主认识常见病害和虫害的比例稍微较高。

民族方面：在 343 个汉族户主中，62.10%认识常见病害和虫害，而在 19 个少数民族户主中，68.42%认识常见病害和虫害，相比之下，少数民族户主认识常见病虫害的比例略微较高。

婚姻状况方面：在 32 个未婚户主中，59.38%认识常见病害和虫害；316 个已婚农户主中，62.97%能认识常见病害和虫害；在 6 个离异户主中，66.67%认识常见病害和虫害；在丧偶户主中，有 50%能认识常见病虫害，可见，离异户主认识常见病虫害的比例最高。

在是否担任村干部方面：在 52 个村干部户主中，63.46%认识常见病虫害，而在 310 个非村干部户主中，62.26%认识常见病虫害，可见，村干部户主认识常见病虫害的比例较高。

在是否党员方面：102 个党员户主中，2/3 的户主能认识常见病虫害，而在 260 个非党员户主中，60%的户主能认识常见病虫害，可见，党员户主认识常见病虫害的比例较高。

在文化教育方面：62 个文盲农户中，61.29%认识常见病虫害；86 个小学文化户主中，51.16%认识常见病虫害；153 个初中文化户主中，67.32%认识常见病虫害；49 个高中专文化户主中，73.47%认识常见病虫害；12 个大专及以上文化的户主中，仅有 41.67%认识常见病虫害，比较而言，高中专文化户主能认识常见病害和虫害的比例最高。

在家庭人口方面：6 个 1 口家庭中，1/3 能认识常见病虫害；54 个 2 口家庭中，2/3 能认识常见病虫害；57 个 3 口家庭中，接近 60%农户能认识常见病虫害；90 个 4 口家庭中，63.33%能认识常见病虫害；155 个 5 口及以上家庭中，63.23%认识常见病虫害，比较而言，2 口之家农户认识常见病虫害的比例较高。

地区方面：122 个安定区农户中，71.31%都认识常见病虫害；122

个渭源县农户中，67.21%认识常见病虫害；118 个临洮县农户中，不到 50%（48.31%）认识常见病虫害。可见，安定区农户都认识常见病虫害的比例较高。

表 3-10　不同农户群体对常见病虫害的认识情况

类型	分类	都认识		仅认识其中一种		都不认识	
		人数	比例（%）	人数	比例（%）	人数	比例（%）
性别	男	189	63.85	61	20.61	46	15.54
	女	37	56.06	11	16.67	18	27.27
年龄	16~34 岁	23	57.50	9	22.50	8	20.00
	35~59 岁	178	63.57	54	19.29	48	17.14
	60 岁及以上	25	59.52	9	21.43	8	19.05
民族	汉族	213	62.10	68	19.83	62	18.08
	少数民族	13	68.42	4	21.05	2	10.53
婚姻状况	未婚	19	59.38	5	15.63	8	25.00
	已婚	199	62.97	63	19.94	54	17.09
	离异	4	66.67	2	33.33	0	0
	丧偶	4	50.00	2	25.00	2	25.00
是否村干部	是	33	63.46	13	25.00	6	11.54
	否	193	62.26	59	19.03	58	18.71
是否党员	是	68	66.67	21	20.59	13	12.75
	否	158	60.77	51	19.62	51	19.62
文化教育	小学以下	38	61.29	11	17.74	13	20.97
	小学	44	51.16	22	25.58	20	23.26
	初中	103	67.32	28	18.30	22	14.38
	高中专	36	73.47	8	16.33	5	10.20
	大专及以上	5	41.67	3	25.00	4	33.33
家庭人口数	1 人	2	33.33	3	50.00	1	16.67
	2 人	36	66.67	8	14.81	10	18.52
	3 人	33	57.89	12	21.05	12	21.05
	4 人	57	63.33	23	25.56	10	11.11
	5 人及以上	98	63.23	26	16.77	31	20.00

（续表）

类型	分类	都认识		仅认识其中一种		都不认识	
		人数	比例（%）	人数	比例（%）	人数	比例（%）
地区	安定区	87	71.31	18	14.75	17	13.93
	渭源县	82	67.21	21	17.21	19	15.57
	临洮县	57	48.31	33	27.97	28	23.73

数据来源：调研数据整理

男性、老年、少数民族、村干部、党员、高中专文化、2口之家、来自渭源县的农户倾向于认识常见病虫害发生规律，如表3-11所示。

性别方面：在296个男性户主中，不到50%比重（45.27%）能认识常见病虫害发生规律，而66个女性户主中，能认识发生规律的比重更低，仅有39.39%，但相比而言，男性户主认识常见病虫害发生规律的比例较高。

年龄方面：青年户主（16~34岁）中，40%户主能认识常见病虫害发生规律；中年户主（35~59岁）中，44.29%能认识发生规律；老年户主（60岁及以上）中，47.62%能认识发生规律，可见，老年户主认识常见病虫害发生规律的比例稍微较高。

民族方面：在343个汉族户主中，43.15%能认识常见病虫害发生规律，而在19个少数民族户主中，超过60%（63.16%）认识发生规律，相比之下，少数民族户主认识常见病虫害发生规律的比例略微较高。

婚姻状况方面：在32个未婚户主中，53.13%能认识常见病虫害发生规律；在316个已婚户主中，43.99%认识常见病虫害发生规律；在6个离异农户户主中，1/3能认识常见病虫害发生规律；在丧偶农户中，1/4能认识常见病虫害发生规律，可见，未婚农户认识常见病虫害发生规律的比例最高。

在是否担任村干部方面：在 52 个村干部户主中，50%的农户能认识常见病虫害发生规律，而在 310 个非村干部农户中，43.23%认识常见病虫害发生规律，可见，村干部户主认识常见病虫害发生规律的比例较高。

在是否党员方面：在 102 个党员户主中，超过 50%（50.98%）的农户能认识发生规律，而在 260 个非党员户主中，41.54%能认识常见病虫害发生规律，可见，党员农户认识常见病虫害发生规律的比例较高。

在文化教育方面：62 个文盲户主中，38.71%认识常见病虫害发生规律；86 个小学文化户主中，30.23%认识常见病虫害发生规律；153 个初中文化户主中，50.98%能认识常见病虫害发生规律；49 个高中专文化户主中，接近 60%（57.14%）认识常见病虫害发生规律；12 个大专及以上文化的农户中，1/3 能认识常见病虫害发生规律，比较而言，高中专文化户主认识常见病虫害发生规律的比例最高。

在家庭人口方面：6 个 1 口之家中，1/3 能认识常见病虫害发生规律；54 个 2 口家庭中，50%认识常见病虫害发生规律；57 个 3 口之家中，不到 40%（38.60%）农户认识常见病虫害发生规律；90 个 4 口之家中，45.56%认识常见病虫害发生规律；155 个 5 口及以上之家中，43.87%认识常见病虫害发生规律，比较而言，2 口之家农户认识常见病虫害的比重较高。

地区方面：122 个安定区农户中，49.18%认识常见病虫害发生规律；122 个渭源县农户中，51.64%认识常见病虫害发生规律；118 个临洮县农户中，31.36%认识常见病虫害发生规律。可见，渭源县农户认识常见病虫害发生规律的比例较高。

表 3-11　不同农户群体对常见病虫害发生规律的了解情况

类型	分类	都认识		仅认识其中一种		都不认识	
		人数	比例（%）	人数	比例（%）	人数	比例（%）
性别	男	134	45.27	66	22.30	96	32.43
	女	26	39.39	14	21.21	26	39.39
年龄	16~34 岁	16	40.00	9	22.50	15	37.50
	35~59 岁	124	44.29	61	21.79	95	33.93
	60 岁及以上	20	47.62	10	23.81	12	28.57
民族	汉族	148	43.15	77	22.45	118	34.40
	少数民族	12	63.16	3	15.79	4	21.05
婚姻状况	未婚	17	53.13	2	6.25	13	40.63
	已婚	139	43.99	74	23.42	103	32.59
	离异	2	33.33	2	33.33	2	33.34
	丧偶	2	25.00	2	25.00	4	50.00
是否村干部	是	26	50.00	10	19.23	16	30.77
	否	134	43.23	70	22.58	106	34.19
是否党员	是	52	50.98	22	21.57	28	27.45
	否	108	41.54	58	22.31	94	36.15
文化教育	小学以下	24	38.71	17	27.42	21	33.87
	小学	26	30.23	19	22.09	41	47.67
	初中	78	50.98	36	25.53	39	25.49
	高中专	28	57.14	6	12.24	15	30.61
	大专及以上	4	33.33	2	16.67	6	50.00
家庭人口数	1 人	2	33.33	0	0	4	66.67
	2 人	27	50.00	9	16.67	18	33.33
	3 人	22	38.60	14	24.56	21	36.84
	4 人	41	45.56	22	24.44	27	30.00
	5 人及以上	68	43.87	35	22.58	52	33.55
地区	安定区	60	49.18	21	17.21	41	33.61
	渭源县	63	51.64	26	21.31	33	27.05
	临洮县	37	31.36	33	27.97	48	40.68

数据来源：调研数据整理

四、本章小结

本章致力于分析马铃薯主粮化战略实施以来，定西市马铃薯病虫害的发生情况以及农户对病虫害的认知情况。本书基于定西市362个农户微观数据，分析结果表明，2015—2017年，定西市商品薯病虫害有减轻趋势，农户人均遭受病虫害的次数递减，受灾面积、产量和病株率明显降低，主要遭受晚疫病、早疫病、蚜虫、蛴螬、地老虎等病虫害。在病虫害认知方面，超过70%的农户能认识常见病虫害及其发生规律；60%农户能认识常见的病虫害，而不到50%的农户能认识病虫害的发生规律。男性、中年、少数民族、村干部、党员、高中专文化、2口之家、来自安定区的农户倾向于认识常见的病虫害。男性、老年、少数民族、村干部、党员、高中专文化、2口之家、来自渭源县的农户认识常见病虫害发生规律的概率较高。

第四章　半干旱区商品马铃薯
生产保险实施情况

第二章、第三章对定西市商品薯产业与病虫害发生情况进行了介绍。在此基础上，围绕风险管理策略，本章节致力于分析定西市马铃薯保险的实施概况、成效与问题。

一、我国半干旱区马铃薯保险概况

在目前的技术条件下，半干旱区马铃薯生产过程中的病虫害尚未能准确预防与预测，通过借助农业保险手段，在病虫害发生后进行补偿，保持薯农收益的相对稳定。为减轻自然灾害和病虫害对马铃薯的影响，2010 年，《国务院办公厅关于进一步支持甘肃经济社会发展的若干意见》（国办发〔2010〕29 号）第二十一条提出："将马铃薯种植纳入政策性保险补贴范围。"2012 年，中华保险甘肃分公司在全省范围内开展政策性马铃薯保险。定西市的马铃薯投保面积占全省最大，包括定西市在内，甘肃省马铃薯保险金额 350 元/亩，保险费率根据保监会备案的标准费率 6% 执行，即每亩保险费 21 元。保费补贴按40：25：20：15 的比例执行：中央财政补贴 40%，即每亩每年补贴 8.4 元；省级财政补贴 25%，即每亩每年补贴 5.25 元；县市区财政补贴 20%，即每亩每年补贴 4.2 元；种植户承担 15%，即每亩每年 3.15 元。马铃薯保险的参保对象为从事马铃薯种植的农户（场）、企业、农民专业合作组织等，参保对象必须按照应该承担的比例缴纳保费。中央、省级保费补贴是在农户、市（州）县保费补贴资金全部落实到位的情况下才予以拨付，对农户未按规定比例足额缴纳保费和未按比例配套补贴资金的市（州）县，中央和省级财政保费补贴不予考虑，保险公司不得减免投保种植户、种植企业、专业经济合作组织等应当交纳的保费部分。在保险期间内，由于暴雨、洪水、内涝、风灾、雹灾、低温冻害、旱灾、病虫害等原因直接造成保险马铃薯损失的，保险公司按照保险合同的约定负责赔偿。赔偿金额按不同生长期出险当期最高赔偿标准、损失面积决定，幼苗期出险当期的最高赔偿标准为保险金额的 30%，花蕾期出险当期的最高赔偿标准为保险金额的 50%，盛花期出险当期的最高赔偿标准为保险金额的 70%，茎叶衰老期出险当期的最高赔偿标准为保险金额的 80%，成熟期出险当期的最高赔偿标准为保险金额的 100%。

二、我国半干旱区马铃薯保险的实际成效

2015—2017 年，定西市绝大多数薯户参加了农业保险，但 2017 年的投保比例略微下降。2015—2016 年，91.16% 的农户参加了农业保险，2017 年，农户购买意愿下降，投保率略微降低，约为 89%。据了解，受调查的 24 个农村都开展了农业保险项目，其中，接近 30%（29.17%）的农村在 2014 年实施马铃薯保险，在 2012 年实施的占 25%，2011 年实施的占 20.83%，2013 年和 2015 年实施的占 12.5%。

通过调查投保农户对马铃薯保险成效的评价发现，2015—2017 年，多数农户比较满意当前的马铃薯保险服务，如表 4-1 所示。2015

年，参保的 333 个农户中，50 户非常满意农业保险服务（13.81%），150 户表示比较满意（41.44%），均表示农业保险在保障农业生产、稳定农民收入方面发挥重要作用。而 94 户认为服务一般（25.97%），25 户表示不太满意（6.91%），还有 14 户表示不满意（3.87%）。2016 年，在参保的 337 个农户中，51 户表示非常满意（14.09%），比上一年增长了 1.28%，142 户比较满意（39.23%），同比降低了 2.21%，96 户认为服务一般（26.52%），30 户不太满意（8.29%），18 户不满意服务（4.97%）。2017 年，在参保的 338 个农户中，51 户非常满意农业保险服务（14.09%），与 2016 年持平，143 户表示比较满意（39.50%），比 2016 年增长了 0.27%，97 户认为服务一般（26.80%），分别比 2015 年和 2016 年增加了 0.83% 和 0.28%，27 户表示不太满意（7.46%），20 户不满意保险服务（5.52%），比 2014 年和 2015 年增加了 1.65% 和 0.55%。从上述可知，由于定西市的马铃薯保险处于起步阶段，保险服务在很多方面仍不完善，导致 3 年来参保农户不满意保险服务的比例有所增加。

表 4-1　2015—2017 年参保农户对马铃薯保险服务的满意程度

	2015 年		2016 年		2017 年	
	人数	比例（%）	人数	比例（%）	人数	比例（%）
不满意	14	3.87	18	4.97	20	5.52
不太满意	25	6.91	30	8.29	27	7.46
一般	94	25.97	96	26.52	97	26.80
比较满意	150	41.44	142	39.23	143	39.50
非常满意	50	13.81	51	14.09	51	14.09

数据来源：调研数据整理

三、我国半干旱区马铃薯保险面临的问题

定西市在开展马铃薯保险过程中仍面临赔付不合理、保障水平不高、对农业保险知识和保险公司的了解程度不高等诸多难题，影响了地方政府推广农业保险和农户参保的积极性。

赔付方面：投保的薯户获得赔付的比例尚未达到100%，仅为90.29%，这削弱了保险预防风险的能力，不有利于所有受灾农户恢复生产。在受调查的24个农村中，仅有8.33%的农村认为农业保险赔付非常合理，70%农村认为村民所得赔付差不多，刚好抵消损失，而超过1/5的农村认为赔付不合理（20.83%），总结发现，赔付不合理的原因有2个：一是定损理赔额小，病虫害降低了商品薯产量，对农民收入造成不小影响，但按500千克的起赔标准，很大一部分农户得不到赔偿，而得到赔偿的农户认为理赔额太小，达不到收入预期；二是受灾赔付不及时，薯农受灾报案后，由于保险责任范围宽泛，加上保险公司人员有限，不能及时到现场勘查，导致积累的案件处理效率较低，理赔进度缓慢，从而产生不信任和误解。个别受灾地方对参保农户只保不赔，失去参保的愿望和积极性。

保障水平方面：近3年来，农户认为马铃薯保险对受灾产量的保障水平不高，大多仅有50%。2015年，在参保的329个农户中，61.33%的农户认为保障水平仅为50%，18.51%的农户认为70%，8.29%的农户认为90%，仅有2.76%的农户认为达到100%。2016年，在参保的333个农户中，61.88%的农户认为保障水平为50%，18.23%的农户认为70%，比2015年减少了0.28%，8.01%的农户认为90%，同比减少了0.28%，有3.87%的农户认为达到100%。2017年，在参保的334个农户中，61.05%的农户认为50%，比2015年和

2016 年分别减少了 0.28% 和 0.83%，18.78% 的农户认为 70%，8.01% 的农户认为保障水平为 90%，与上一年持平，还有 4.42% 的农户认为保障水平达到 100%，这说明，2015 年以来，认为马铃薯保险保障水平达到 100% 的农户比重在逐年增加（表4-2）。

表 4-2 2015—2017 年农户对马铃薯保险保障水平的认知

	2015 年		2016 年		2017 年	
	人数	比例（%）	人数	比例（%）	人数	比例（%）
50%	222	61.33	224	61.88	221	61.05
70%	67	18.51	66	18.23	68	18.78
90%	30	8.29	29	8.01	29	8.01
100%	10	2.76	14	3.87	16	4.42

数据来源：调研数据整理

对农业保险知识的认知方面：在 362 个受访薯户中，不到 50% 的农户（44.75%）比较了解马铃薯保险的目的、内容、标的等保险知识，27.07% 的农户表示一般了解，13.26% 的农户认为非常了解，8.01% 的农户表示比较不了解，而 6.91% 的农户对此缺乏了解，表示对农业保险降低农业风险、维护自身利益的有效作用缺乏认识。

在农业保险公司认知方面：在受调查农户中，42.27% 的农户表示一般了解农业保险公司，包括其经营模式与范围、理赔程序等，35.64% 的农户认为比较了解，13.54% 的农户表示非常了解，4.97% 的农户比较不了解，尚有 3.59% 的农户非常不了解（表4-3）。

表 4-3 2015—2017 年农户对农业保险知识和公司的认知

	农业保险知识认知		农业保险公司认知	
	人数	比例（%）	人数	比例（%）
非常不了解	25	6.91	13	3.59
比较不了解	29	8.01	18	4.97

（续表）

	农业保险知识认知		农业保险公司认知	
	人数	比例（%）	人数	比例（%）
一般	98	27.07	153	42.27
比较了解	162	44.75	129	35.64
非常了解	48	13.26	49	13.54

数据来源：调研数据整理

农业保险促进农业生产作用的认知方面：多数农户（42.27%）认为农业保险能较大促进农业生产，诱导农业健康持续发展，27.07%的农户认为其作用一般，18.78%的农户认为作用非常大，既能转移农业风险，又能稳定和提高农民收入水平，而还有7.73%的农户认为作用比较小，而还有4.14%的农户认为作用非常小（表4-4）。

表4-4　2015—2017年农户对农业保险促进农业生产作用的认知

	农业保险促进农业生产作用的认知	
	人数	比例（%）
非常大	15	4.14
比较大	28	7.73
一般	98	27.07
比较小	153	42.27
非常小	68	18.78

数据来源：调研数据整理

四、本章小结

本章利用问卷调查数据分析了定西市马铃薯保险实施概况、成效以及问题。定西市政策性马铃薯保险于2012开始实施，每亩保险金额350元，每亩保费21元，农户承担其中的15%。马铃薯主粮化战略实施以来，定西市参保薯农比重保持在 90% 左右，2017 年参保比例略微减少；多数薯农比较满意马铃薯保险在保障农业生产、稳定农民收入方面发挥的作用。但由于马铃薯保险刚起步不久，一些服务仍不完善，持不满意的农户比例有所增加。然而，马铃薯保险在开展过程中仍面临赔付不合理、保障水平不高、对农业保险知识和公司的了解程度不高等诸多难题，影响了地方政府推广农业保险和农户参保的积极性。赔付方面，投保的薯户获得赔付的比例尚未达到 100%，仅为 90.29%；保障水平方面，近 3 年来，农户认为马铃薯保险对受灾产量的保障水平不高，大多仅有 50%；对农业保险知识的认知方面，在不到 50% 的农户（44.75%）比较了解马铃薯保险的目的、内容、标的等保险知识；在农业保险公司认知方面，只有 35.64% 的农户比较了解农业保险公司的经营模式与理赔程序；农业保险促进农业生产作用认知方面，多数农户（42.27%）认为农业保险能较大促进农业生产，保障农业健康持续发展。

第五章 半干旱区薯农的病虫害风险管理行为

第四章对马铃薯保险产品的实施概况进行剖析。本章首先梳理调查数据，从整体把握3年来商品薯种植户实施病虫害风险管理的情况。然后，应用合适的研究方法，探讨农户风险管理行为背后的影响因素。

一、商品薯农户的病虫害风险管理行为

采用科学合理的管理措施能降低马铃薯病虫害风险，提高商品薯的产量和质量。虽然风险管理措施有多种，但结合半干旱区的气候、土地等条件，当前商品薯病虫害管理主要以脱毒抗病的优良种薯为基础，协调应用地膜覆盖栽培技术和低毒高效农药。具体而言，一是脱毒抗病的优良种薯，预防马铃薯病虫害首先从选种开始，培育无病壮苗，提高马铃薯的抗病性，对商品薯增产和改善品质起着至关重要的作用；二是地膜覆盖栽培技术，是一项采用极薄的聚乙烯地膜覆盖土壤表面，达到增温保墒保水，促进种子提早萌发出土，加快植株地下部分和地上部分生长发育，调节植物某一阶段生长发育的持续时间，协调各器官物质分配，促进作物正常生长发育，提高抗病虫害能力，并获得早熟、高产、优质、高效的增产

技术；三是低毒高效农药的应用，不但可以使马铃薯免受病虫害的侵扰，还可以降低农药在作物上的残留，保证作物安全、绿色、无公害。

表5-1至表5-3是2015—2017年定西市受调查商品薯农户实施上述3种病虫害风险管理措施的情况。

第一，80%以上商品薯农户选用了脱毒抗病的优良种薯，且比重略微提升。如表5-1所示，在受调查的362个有效样本中，2015—2016年，有83.98%的商品薯农户（304人），根据种植地的环境和土壤特征选择对当地环境有较强适应性的脱毒抗病种薯；2017年，农户对此越加重视，采用的人数略微增加，占84.81%，扩大了脱毒种薯推广应用的范围。

表5-1 2015—2017年定西市商品薯农户选用脱毒抗病的优良种薯情况

年份	采用脱毒抗病的优良种薯		没采用脱毒抗病的优良种薯	
	人数	比例（%）	人数	比例（%）
2015	304	83.98	58	16.02
2016	304	83.98	58	16.02
2017	307	84.81	55	15.19

数据来源：调研数据整理

第二，70%左右的商品薯农户采用地膜覆盖栽培技术。如表5-2所示，在受调查的农户中，2015年，有249人（68.98%）采用该项科学合理的栽培技术，提高了商品薯的抗病虫能力；2016年，采用人数增加了7人，比例提高到70.72%；然而，2017年，采用该技术的人数与比例略微减少，为70.17%（254人）。

表 5-2　2015—2017 年我国商品薯农户采用地膜覆盖栽培技术情况

年份	采用地膜覆盖栽培技术		没采用地膜覆盖栽培技术	
	人数	比例（%）	人数	比例（%）
2015	249	68.78	113	31.22
2016	256	70.72	106	29.28
2017	254	70.17	108	29.83

数据来源：调研数据整理

第三，60%商品薯农户采用低毒高效的农药。如表 5-3 所示，采纳低毒高效农药的薯农人数整体增加。2015 年，66.3%的商品薯农户（240 人）选用了高效低毒低残留的药剂，以生产出绿色无公害的马铃薯；2016 年，采用的人数和比例有所下降，共有 234 人采用（64.64%）；2017 年，比重上升，共有 66.57%的农户采用了低毒高效的农药。

表 5-3　2015—2017 年我国商品薯农户采用低毒高效的农药的情况

年份	采用低毒高效的农药		采用低毒高效的农药	
	人数	比例（%）	人数	比例（%）
2015	240	66.30	122	33.70
2016	234	64.64	128	35.36
2017	241	66.57	121	33.43

数据来源：调研数据整理

第四，超过 70%农户至少采用 2 种风险管理措施，且 3 年来比重提高。2015—2017 年商品薯农户采用 3 种病虫害风险管理措施的情况，可以分为 3 种措施都采用、采用 2 种措施、采用 1 种措施、不采取任何措施 4 种情况。3 年平均来看，采取 2 种措施的农户比重最大（43.09%），其次是 3 种措施（40.24%）、1 种措施（13.17%）、不采取任何措施（3.50%）。从 3 种措施都采取的比重来看，3 年来的人数略微增加，从 40.06% 增长到 41.16%；同样，采取其中 2 种措施的人数略微增加，比重从 41.71% 增长到 43.37%；采取 1 种措施的人数与比重逐年减少（从 15.75% 减少到 11.33%），而不采取任何措施的人数在递增（从 2.49% 逐年增加到 4.14%）（表 5-4）。

表 5-4　2015—2017 年商品薯农户采用三种风险管理措施情况

年份	3 种措施都采用		采取 2 种措施		采取 1 种措施		不采取任何措施	
	人数	比例（%）	人数	比例（%）	人数	比例（%）	人数	比例（%）
2015	145	40.06	151	41.71	57	15.75	9	2.49
2016	143	39.50	160	44.20	45	12.43	14	3.87
2017	149	41.16	157	43.37	41	11.33	15	4.14
平均	146	40.24	156	43.09	48	13.17	12	3.50

数据来源：调研数据整理

二、研究方法与变量选择

根据因变量分类，拟采用 Probit 模型分析 2017 年商品薯农户是否采用病虫害风险管理措施及其影响因素，具体表达式如下。

$$y_{im} = \beta_m' X_i + \varepsilon_{im} \tag{1}$$

（1）式中，样本观测值 $i = 1, 2, \cdots, N$；个体行为观察值 $m = 1, 2, 3$，分别表示采用脱毒抗病的优良种薯、地膜覆盖栽培技术、低毒高效农药；y_{im} 表示第 i 个样本农户是否采用第 m 种措施的因变量；X_i 为影响样本农户 i 是否采用措施的影响因素向量；β_m 表示第 m 个解释变量的估计参数向量；ε_{im} 是样本 i 采用 m 个措施的交叉方程误差项的方差-协方差矩阵，符合正态分布。

由（1）式得到：

$$y_{im} = 1(y_{im} > 0) \tag{2}$$

农户对病虫害风险管理措施选择的决策是一个典型的二元选择行为。(2) 式表明，被解释变量 y_{im} 是 0-1 型的二元变量，当样本农户 i 不采用 m 个措施时，赋值为 0，反之赋值为 1。

然而，同一农户不同行为的非独立数据比较普遍，脱毒抗病的优良种薯、地膜覆盖栽培技术、低毒高效农药这 3 个方程间的扰动项在理论上很可能存在相关性，对每个方程分别作参数估计会忽略数据间的相关性，可能导致统计结果偏离真实情况。此外，3 种措施均属风险管理行为，具有一定的相关性。似乎不相关回归法（Seemingly Unrelated Regressions，SUR）在参数估计过程中合理考虑了方程间的相关性，该研究方法的线性模型由学者 Zellner（1962）首次提出，后来，Gallant（1975）扩展到非线性模型。根据研究目的，拟建立多变量的似乎不相关非线性回归模型（Seemingly Unrelated Multivariate Probit Regression）开展研究。单变量 Probit 模型使用最大似然法进行估计，而多元似乎不相关 Probit 模型采用模拟的最大似然法估计多个方程，模型的特点是误差项 ε_i 均服从一个联合的正态分布，表达式如下（Cappellari 等，2003）：

$$\varepsilon_i = [\varepsilon_{i1}, \cdots, \varepsilon_{iM}] \sim MVN(0, R) \tag{3}$$

(3) 式的 MVN 表示多元变量的正态分布；R 是非对角线元素的相关系数矩阵，可被识别和估计。

三、描述性统计结果与分析

根据相关文献，预先判断潜在影响因素的作用方向。根据自变量的数据类型，参考权威文献对自变量进行赋值。然后，对需要研究的变量进行描述性分析（表 5-5），在受调查的 3 种风险管理措施

表5-5　变量的描述性统计

变量类型	变量	定义与赋值	平均值	标准差	预期方向
因变量	是否采用脱毒抗病的优良种薯	是=1；否=0	0.85	0.36	
	是否采用地膜覆盖栽培技术	是=1；否=0	0.70	0.46	
	是否采用低毒高效的农药	是=1；否=0	0.67	0.47	
个人与家庭特征	性别	男=1；女=0	0.82	0.39	−
	年龄	周岁	47.82	10.28	?
	文化教育程度	大专及以上=4；高中专=3；初中=2；小学=1；小学以下=0	1.62	1.02	?
	家庭务农人数	人	1.96	0.68	?
生产特征	种植年限	年	18.92	8.58	−
	种植规模	亩	9.48	8.68	?
	农业收入占家庭总收入比重	%	0.60	0.17	?
	租入耕地占总耕地面积的比重	是=1；否=0	0.12	0.28	−
	是否参加商品薯种植技术培训	是=1；否=0	0.60	0.49	?
	加入农业社会化服务	是=1；否=0	0.18	0.38	?
主观认知与风险偏好	病虫害发生规律认知	是=1；否=0	0.70	0.46	+
	病虫害风险认知	是=1；否=0	0.44	0.50	+
	风险偏好	最偏好风险=5；较偏好风险=4；偏好风险=3；风险中立=2；较不偏好风险=1；最不偏好风险=0	3.10	1.84	?
社会资本	与亲戚朋友交流频繁	是=1；否=0	0.88	0.32	+
	网络通讯良好性	是=1；否=0	0.83	0.37	+
社会环境	交通便利性	是=1；否=0	0.42	0.49	+
	经历过病虫害次害	是=1；否=0	0.32	0.47	+
	地区	临洮=2；渭源=1；安定=0	0.99	0.82	?

注：+表示自变量对因变量的具体影响方向为正；−表示自变量对因变量的具体影响方向为负；？表示自变量对因变量的具体影响方向不能确定

中，最多人（85%）采用脱毒抗病的优良种薯，其次是采用地膜覆盖栽培技术（70%），最少的是低毒高效农药（67%）。这表明，定西市薯农比较重视脱毒种薯防治病虫害。

从样本农户特征来看。

性别方面：男性户主居多，有296人，超过80%，女性农户仅有15%；年龄结构以中年为主，平均年龄约为48岁。

受教育程度方面：文化教育结构基本呈正态分布，户主的受教育程度偏低，以初中文化水平为主（42.27%），未上学占17.13%，小学占总样本的23.76%，高中专占13.54%，大专及以上仅占3.31%。

家庭务农人数方面：平均每个农民家庭有2个商品薯种植劳动力，具体而言，家庭仅有1个农业劳动力（约21%），2个劳动力的占多数（66.57%），3个劳动力占8.29%，4个劳动力占4.14%。

种植年限方面：10年及以下务农年限的有64人（占24.03%），11~20年占49.73%，20年以上的占26.24%，平均每个农户有19年种植经历、种植年限较长，经验较为丰富；生产规模方面，农户拥有10亩以下种植面积的占56.08%，而有10~20亩的占34.53%，20亩以上的占9.37%，平均而言，每个农户拥有9.48亩商品薯实际种植面积。

农业收入占家庭总收入比重方面：比重在50%以下占19.34%；比重在50%~80%的占74.03%，80%及以上的占6.63%，平均每个农户的农业收入占比约为60%。

租入耕地占总耕地面积的比重方面：没有租入土地的农户占多数，有270人（占74.59%），租入土地占比1%~50%的占18.50%，超过50%的占6.91%。

是否参加商品薯种植技术培训方面：多数农户参加过技术培训，占60%；兼业化方面，受调查薯农大多数为纯农户，仅从事马铃薯种植，不到20%的农户从事其他非农工作。

农业社会化服务方面：当前多数受调查农户（70%）难以独立完成商品薯生产的各个环节，在马铃薯整地、播种、施肥、施农药、收获等环节都请别人帮忙，克服了自身规模较小的弊端，获得大规模生产效益。

在主观认知方面：样本农户不大了解病虫害发生时间、温度和适度等规律，多达56%。

在风险偏好方面：最不偏好风险的农户有64人（17.68%），较不偏好风险的有19人（5.25%），风险中立的有29人（约8%），偏好风险的有75人（20.72%），较偏好风险的有53人（14.64%），最偏好风险的有122人（33.70%），这表明，多数受调查农户偏好风险，倾向于投资风险大的农业项目。

在社会资本方面：绝大多数农户（接近90%）与亲戚朋友的交流频繁。

在社会环境方面：随着农村通讯基础设施逐渐改善，多数农户（83%）所在村的网络通讯良好；然而，西部农村经济发展缓慢，仍有58%受调查农户所在农村偏远，交通不太便利，其村委会离最近的乡级以上公路的距离超过1千米。

四、推断性统计结果与分析

实际数据回归时可能会遇到内生性和多重共线性问题。然而，在似乎不相关回归模型中，方程的因变量不是其他方程的自变量，故能控制内生性问题（Cappellari等，2003）。为避免多重共线性，对解释变量进行方差膨胀因子检验，vif值均小于10，说明自变量之间不存在严重的共线性（胡博等，2014）。如表5-6所示，3个方程的最大vif为2.83，平均vif为1.57，均不存在严重的共线性。

特别说明的是，种植规模的平方对病虫害绿色防控技术采纳有正向显著作用（蔡书凯，2013），故采用种植规模的平方作为解释变量。为消除异方差，模型采用稳健标准误进行估计。本书运用 Stata 14.0 软件开展实证研究。

表 5-6　方差膨胀因子法的检验结果

方程	最大的 vif	平均的 vif	是否存在多重共线性
是否采用脱毒抗病的优良种薯	2.83	1.57	否
是否采用地膜覆盖栽培技术	2.83	1.57	否
是否采用低毒高效农药	2.83	1.57	否

采用最大似然估计法对模型参数估计发现，模型的对数似然比统计值为-442.59，相应的伴随概率为 0.000，这表明，模型估计结果显著，整体效果较好。似乎不相关回归模型的原假设，是各个方程扰动项之间存在同期相关性。如表 5-7 所示，3 个方程两两之间的相关系数都通过显著性检验，而且，似然比检验统计量 chi2（3）为 4.927 3，通过 1%水平的显著性检验，拒绝各方程扰动项存在同期相关的原假设，这表明，采用多元似乎不相关 Probit 回归比逐一进行单一 Probit 回归更有效率。

表 5-7　方程间相关系数矩阵

	是否采用脱毒抗病的优良种薯	是否采用地膜覆盖栽培技术	是否采用低毒高效的农药
是否采用脱毒抗病的优良种薯	1.00	0.12***	0.04***
是否采用地膜覆盖栽培技术	0.12***	1.00	0.11***
是否采用低毒高效的农药	0.04***	0.11***	1.00

注：*、** 和 *** 分别表示在 10%、5% 和 1% 显著性水平下显著；似然比检验统计量 chi2（3）= 4.927 3，P = 0.000 0

种植户主的文化教育水平、种植规模、农业收入占家庭总收入比重、农民是否兼业化、病虫害发生规律认知、风险偏好、与亲戚朋友是否交流频繁、是否经历过病虫害、地区等是他们采用脱毒抗病优良种薯的显著影响因素。如表5-8所示，个人与家庭特征中仅有文化教育水平通过显著性检验。相对于文盲，小学及以上文化水平的户主采用脱毒抗病种薯存在差异，小学以上学历农户的行为具有显著正向作用，与学者刘春艳（2017）的研究结论相符，说明了接受较长教育年限的户主会更容易意识到灾害风险，对减灾措施的需求越强烈（罗小锋、李文博，2011）。

生产特征方面：商品薯种植规模在1%水平上显著正相关，对户主脱毒种薯的采用行为产生显著正向影响，与马兴栋、霍学喜（2017）研究结论相符，说明了农户的商品薯种植规模越大，他们采用脱毒种薯的可能性越高。

种植规模方面：种植规模的平方也在1%水平上显著影响农户采纳脱毒种薯的行为，与蔡书凯（2013）研究结论相反，这说明，农户商品薯种植规模与脱毒种薯采纳程度之间呈倒"U"形关系，随着商品薯种植规模的增加，农户对脱毒种薯的采纳程度上升；当生产规模超过临界点后，农户采纳程度逐渐下降，可见，农户采纳脱毒种薯的积极性依赖于适度规模经营。

农业收入占家庭总收入比重方面：农业收入占家庭总收入比重在1%统计水平上对农户采纳脱毒种薯具有显著的正向影响，与蔡书凯（2013）的研究结论相同，意味着，马铃薯收入占比越高，薯农防治病虫害的风险意识可能越强，采纳脱毒种薯的积极性越高。

农民是否兼业方面：农民是否兼业在5%的水平上负向显著影响他们的行为，与张小有等（2018）研究结论吻合，这表明，在同等条件下，与非纯农户相比，纯农户仅从事农业生产，生产经验丰富，专业化、规模化使其采纳脱毒种薯的意愿更强，采用的可能性也更高。

在主观认知方面：病虫害发生规律认知在 1%统计水平上发挥显著影响，与学者 Jaya 等（2015）结论相符，这说明，对病虫害发生规律了解的农户更倾向于采纳脱毒种薯。

在风险偏好方面：相对于最不偏好风险，较偏好风险和最不偏好风险的农户在采纳脱毒种薯方面存在差异，都对农户行为产生显著的负向影响，这表明，规避风险的农户倾向于采纳脱毒种薯。

在社会资本方面：农户与亲戚朋友交流频繁在 5%统计水平上正向显著影响他们对脱毒种薯的采纳，符合宝希吉日等（2015）的研究结论，这说明，农户与亲戚朋友交流频繁，能获得更多脱毒种薯的信息，有助于农户做采纳决策，所以，采纳概率相对较高。

在社会环境方面：经历过病虫害灾害对农户脱毒种薯的采用有显著正向作用，与贺梅英、庄丽娟（2017）结论一致，这说明，经历过病虫害的农户采纳脱毒种薯的积极性较高。相对于安定区，渭源县和临洮县的农户在采纳脱毒种薯方面存在地区异质性，渭源和临洮县的农户更积极主动地采用脱毒种薯。

表 5-8　农户是否采用脱毒抗病的优良种薯的回归结果

变量分类	自变量	回归系数	稳健性标准差	Z 值
	性别	−0.19	0.27	−0.72
	年龄	−0.01	0.01	−0.60
	小学文化水平	0.66**	0.34	1.96
个人与家庭特征	初中文化水平	1.01***	0.34	3.02
	高中专文化水平	1.01***	0.39	2.61
	大专及以上文化水平	1.24**	0.50	2.45
	家庭务农人数	0.02	0.12	0.20

（续表）

变量分类	自变量	回归系数	稳健性标准差	Z 值
生产特征	种植年限	0.01	0.01	0.45
	种植规模	0.11***	0.03	3.21
	种植规模的平方	−0.002***	0.001	−2.97
	农业收入占家庭总收入比重	2.62***	0.78	3.36
	租入耕地占总耕地面积的比重	0.43	0.47	0.93
	是否参加商品薯种植技术培训	0.23	0.19	1.19
	农民兼业化	−0.51**	0.26	−1.97
	加入农业社会化服务	−0.11	0.21	−0.52
	病虫害发生规律认知	0.76***	0.21	3.67
主观认知与风险偏好	较不偏好风险	−0.41	0.55	−0.74
	风险中立	−0.36	0.42	−0.84
	偏好风险	−0.46	0.36	−1.26
	较偏好风险	−0.91***	0.34	−2.71
	最偏好风险	−0.67**	0.30	−2.22
社会资本	与亲戚朋友交流频繁	0.60**	0.30	1.97
	网络通讯良好性	−0.33	0.32	−1.04
	交通便利性	0.23	0.23	1.00
社会环境	经历过病虫害	0.38*	0.21	1.81
	渭源县	0.86***	0.31	2.82
	临洮县	0.52**	0.27	1.96
常数项		0.74	0.80	0.92

注：*、**和***分别表示在10%、5%和1%显著性水平下显著

从估计结果来看，农民是否兼业化、病虫害发生规律认知、地区等是他们采用地膜覆盖栽培技术的显著影响因素。

在生产特征方面：农民兼业化在1%统计水平上产生显著负影响，与张小有等（2018）研究结论相吻合，这说明，在其他条件不变的情况下，纯农户比兼业农户更倾向于采用该项技术，开展科学有效的管理。

在主观认知方面：病虫害发生规律的认知在5%置信水平上通过

检验，产生正向的显著关系，符合学者 Jaya 等（2015）的研究结论，这表明，如果农户了解病虫害发生规律，则他们采纳地膜覆盖技术的积极性越高。

地区虚拟变量也是显著影响因素，相对于安定区，渭源县农户采纳地膜覆盖技术存在差异，在 1% 水平上有显著的负效应，这说明，渭源县的农户选择采纳地膜覆盖技术的积极性较低，而临洮县农户采纳地膜覆盖技术没有显著性影响。性别、年龄、文化教育水平、种植年限、种植规模、农业收入占比、租入土地占比、是否参加过种植技术培训、是否加入农业社会化服务、风险偏好、是否与亲戚朋友交流频繁、网络通讯是否良好、交通是否便利、是否经历过病虫害等因素在统计上均不显著，与农户实施地膜覆盖栽培技术不相关，对他们采用该技术没有影响（表5-9）。

表5-9 农户是否采用地膜覆盖栽培技术的回归结果

变量分类	自变量	回归系数	稳健性标准差	Z 值
个人与家庭特征	性别	−0.38	0.24	−1.60
	年龄	0.001	0.01	0.15
	小学文化水平	0.32	0.31	1.04
	初中文化水平	0.19	0.29	0.65
	高中专文化水平	0.17	0.32	0.54
	大专及以上文化水平	−0.49	0.37	−1.32
	家庭务农人数	0.01	0.13	0.10
生产特征	种植年限	0.01	0.01	0.90
	种植规模	0.07	0.04	1.54
	种植规模的平方	−0.001	0.001	−0.71
	农业收入占家庭总收入比重	−0.47	0.47	−0.99
	租入耕地占总耕地面积的比重	−0.18	0.43	−0.42
	是否参加商品薯种植技术培训	0.19	0.19	0.99
	农民兼业化	−0.54 ***	0.24	−2.29
	加入农业社会化服务	−0.18	0.21	−0.84

（续表）

变量分类	自变量	回归系数	稳健性标准差	Z 值
主观认知与风险偏好	病虫害发生规律认知	0.52**	0.21	2.53
	较不偏好风险	−0.45	0.37	−1.20
	风险中立	0.55	0.38	1.46
	偏好风险	−0.34	0.29	−1.18
	较偏好风险	0.24	0.34	0.70
	最偏好风险	−0.02	0.28	−0.06
社会资本	与亲戚朋友交流频繁	0.38	0.30	1.27
	网络通讯良好性	−0.13	0.32	−0.41
	交通便利性	−0.52	0.24	−2.13
社会环境	经历过病虫害	0.05	0.18	0.28
	渭源县	−1.45***	0.33	−4.42
	临洮县	0.16	0.27	0.61
常数项		0.55	0.90	0.62

注：*、**和***分别表示在10%、5%和1%显著性水平下显著

文化教育水平、租入土地占比、是否参加商品薯种植技术培训、病虫害发生规律认知、风险偏好等是种植户采用低毒高效农药的显著影响因素，如表5-10所示。

表5-10 农户是否采用低毒高效农药的回归结果

变量分类	自变量	回归系数	稳健性标准差	Z 值
个人与家庭特征	性别	−0.13	0.22	−0.62
	年龄	0.01	0.01	0.84
	小学文化水平	0.13	0.23	0.54
	初中文化水平	0.32	0.23	1.41
	高中专文化水平	0.74**	0.31	2.36
	大专及以上文化水平	−0.14	0.45	−0.32
	家庭务农人数	0.15	0.11	1.37

（续表）

变量分类	自变量	回归系数	稳健性标准差	Z 值
生产特征	种植年限	−0.01	0.01	−1.59
	种植规模	0.04	0.03	1.44
	种植规模的平方	−0.001	0.001	−0.94
	农业收入占家庭总收入比重	0.09	0.48	0.19
	租入耕地占总耕地面积的比重	−0.43 *	0.26	−1.66
	是否参加商品薯种植技术培训	0.33 **	0.16	2.03
	农民兼业化	−0.15	0.21	−0.74
	加入农业社会化服务	−0.13	0.18	−0.73
主观认知与风险偏好	病虫害发生规律认知	0.71 ***	0.16	4.36
	较不偏好风险	0.31	0.37	0.83
	风险中立	0.54	0.34	1.57
	偏好风险	0.38	0.24	1.58
	较偏好风险	−0.53 *	0.29	−1.87
	最偏好风险	0.09	0.22	0.42
社会资本	与亲戚朋友交流频繁	0.11	0.26	0.42
	网络通讯良好性	0.29	0.24	1.18
	交通便利性	0.24	0.21	1.15
社会环境	经历过病虫害	−0.03	0.16	−0.21
	渭源县	0.21	0.29	0.72
	临洮县	0.02	0.21	0.09
常数项		−1.41 **	0.71	−1.99

注：*、** 和 *** 分别表示在 10%、5% 和 1% 显著性水平下显著

在个人与家庭特征方面：相对于文盲，高中专文化水平有显著的差异性，与刘春艳（2017）研究结论一致，这表明，高中专文化

水平的农户容易接受新鲜事物和获取信息，领悟能力较强，倾向于采用无害化的农药。

生产特征方面：租入耕地占总耕地面积的比重在10%统计水平上显著负相关，与蔡书凯（2013）结论相同，这表明，租地占比阻碍了农户采用低毒高效农药的积极性。

参加培训方面：参加过商品薯种植技术培训通过显著性检验，在5%统计水平上呈正相关关系，与马兴栋、霍学喜（2017）观点相符，这说明，参加过技术培训的农户获得的低毒高效农药信息越多，知识和技能提高越快，所以，越可能采纳该类农药。

在主观认知方面：病虫害发生规律认知在1%统计水平上影响显著，回归系数为正，与Jaya等（2015）的结论相符，即对病虫害发生规律了解的农户偏向于施用低毒高效的农药。

在风险偏好方面：相对于最不偏好风险，较偏好风险的农户存在显著差异性，这表明，较偏好风险的农户采纳低毒高效农药的积极性较低。

五、本章小结

本章主要分析定西市商品薯种植户的病虫害风险管理行为及其影响因素。脱毒抗病的优良种薯、地膜覆盖栽培技术、低毒高效的农药是3种有效的马铃薯病虫害风险管理措施。2015—2017年，超过80%以上薯农选用脱毒种薯管控病虫害，且比重逐年提升，70%左右的薯农采用地膜覆盖栽培技术，60%的薯农采用低毒高效的农药，且超过70%的农户在风险管理过程中至少采用了2种措施，且比例逐年增长。利用多元似乎不相关Probit模型研究发现，小学及以上文化水平、种植规模、农业收入占家庭总收入比重、农民兼业化、病虫害发生规律认知、风险偏好、与亲戚朋友交流频繁、经历过病虫害、区域等因素，显著影响农户对脱毒种薯的采纳；农民兼业化、病虫害发生规律认知、区域等显著影响农户对地膜覆盖栽培技术的采用行为；高中专文化水平、租入耕地占总耕地面积比重、是否参加商品薯种植技术培训、病虫害发生规律认知、风险偏好等，也显著影响薯户对低毒高效农药的采用。

第六章　结论与政策建议

本书围绕"病虫害是什么，为什么要风险管理，怎么风险管理"的认识思路，第二章、第三章阐释了定西市商品薯产业的发展形势、病虫害发生情况与农户的病虫害认知，第四章、第五章从风险管理层面分析了马铃薯保险实施概况与农户的风险管理行为。本章致力于梳理全文得出的结论，在结论的基础上提炼政策建议，最后总结研究的不足与展望。

一、主要结论

马铃薯病虫害是马铃薯生产的常见风险，病虫害风险管理有助于商品薯产业的健康发展。以"中国马铃薯之乡"甘肃省定西市为例，利用安定区、渭源县、临洮县等 24 个村和 362 份商品薯农户的问卷调查数据，深入剖析马铃薯主粮化战略实施以来商品薯病虫害发生情况、农户病虫害认知、马铃薯保险实施概况与农户的病虫害风险管理行为，得出以下主要结论。

（1）2015—2017 年，马铃薯主要遭受晚疫病、早疫病、蚜虫、蛴螬、地老虎等病虫害，但病虫害的影响逐年减轻，发生次数、受灾面积、受灾产量、病株率明显减少。总体上，超过 70% 的薯户能认识常见病害及其发生规律，70% 薯户能认识常见虫害及其发生规律，60%薯户能认识常见的病虫害，而不到50%的薯户能认识病虫害的发生规律。

（2）马铃薯保险是病虫害风险的管理策略。2015—2017年，商品薯农户普遍购买了马铃薯保险，且较多农户表示满意，但不满意保险的农户比重也有所增加。当前马铃薯保险面临赔付不合理、保障水平不高、对农业保险知识和公司的了解程度不高等问题。

（3）2015—2017年，定西市薯户最多采用了脱毒抗病的优良种薯（约84%），其次是地膜覆盖栽培技术（约70%）、低毒高效的农药（约65%），超过70%的薯农至少采用了2种风险管理措施，且比重逐年提高。实证研究表明，农户对病虫害发生规律的认知显著影响了农户对脱毒种薯、地膜覆盖栽培技术、低毒高效农药的采用；文化教育水平显著且正向影响了农户对脱毒种薯和低毒高效农药的采用；农民兼业化负向影响他们对脱毒种薯与地膜覆盖栽培技术的采用；同样，风险偏好显著影响了农户使用脱毒种薯与低毒高效农药。

二、政策建议

根据研究结论，结合当前定西市商品薯病虫害的发生情况，本着预防为主，防治结合的原则，在马铃薯主粮化战略推动过程中，将商品薯病虫害风险管理作为一项重点工作来抓，以促进商品薯优产优质，现拟提出如下政策建议。

（1）提倡适度规模种植，推广脱毒抗病优良种薯。实证研究发现，随着商品薯种植规模的扩大，农户采用脱毒种薯的积极性提高，然而，种植规模过大反而阻碍了农户采纳脱毒种薯。因此，脱毒抗病种薯作为有效预防病虫害的措施，有关部门应积极引导薯农开展适度规模经营，一方面，采用多种方式鼓励小散户将土地流转给种植大户、家庭农场、合作社、龙头企业等新型经营主体，促进规模化经营；另一方面，引导规模种植户开展适度经营，提高脱毒种薯利用率和病虫害防治效率。

（2）完善马铃薯保险，增强风险转移能力。调查发现，虽然绝大多数薯农购买马铃薯保险，但由于赔付问题和认知瓶颈，农户表示满意的比重还不到50%。因此，针对理赔问题，有关部门应邀请专家学者对定西马铃薯保险理赔程序和保额开展严格论证，调整赔付金额与保障水平。同时，相关部门要密切配合，充分利用广播、电视、报纸等新闻媒体，广泛宣传农业保险知识，创造良好的氛围和环境，让农户通过更多途径了解和掌握农业保险知识，提高农户的认知度。

（3）开展病虫害发生规律的培训，提高农户的认知水平。调查发现，少于50%的农户能认识马铃薯病虫害的发生规律，制约了他们对脱毒种薯、地膜覆盖栽培技术与低毒高效农药等措施的采用率。因此，相关部门有必要定期邀请高校、科研院校的专家学者下乡举办培训讲座，以通俗易懂的方式讲解晚疫病、早疫病、蚜虫、蛴螬、地老虎等常见病虫害发生规律，尽量减少农户对此的误解与疑惑，全面提升农户对病虫害发生规律的认识。

（4）重视农村教育，增强薯农的文化素质。随着现代农业进程加快，商品薯生产要求一批具有高素质的生产者。不可忽视的是，受调查农户的文化教育水平不高，对病虫害风险管理重要性的认识有限，而文化水平高的农户倾向于采纳脱毒种薯和低毒高效农药。因此，有关部门应高度重视农村教育，一方面，加强农村儿童和青少年的义务教育，提高他们的学习能力，为职业农民提供人才储备；另一方面，对于知识水平低的农户，有关部门应定期为这批农户举办商品薯种植技术和病虫害风险管理知识的培训和再教育，提高他们科学的风险管理能力。

三、研究的不足及展望

由于时间、精力有限以及交叉学科知识的缺乏，本书在数据收集与研究方法中仍存在一定的局限性，希望在下一阶段的研究能克服不足，提高研究结果的精确性。

在微观数据方面：除了样本量有限，问卷调查过程中由于农户的文化程度和理解能力不高，导致数据的质量和统计工作受到影响，得到的结果不一定能全面完整反映所有情况，使结论适用性受到限制。

在病虫害发生情况及农户认知方面：由于宏观数据不足，缺乏病害和虫害在定西市商品薯的发生情况与损失情况。而农户认知方面，仅采用是与否设计答案选项，还需进一步完善，下阶段可考虑设计科学的测试题目来衡量农户对常见病虫害和发生规律的认知。

马铃薯保险实施方面：由于缺乏系统的调查问题，马铃薯保险实施概况、成效和问题的分析仍不够深入，比较薄弱，需进一步解决。

农户的商品薯病虫害风险管理行为方面：一方面，农业风险的外部性决定了政府对病虫害风险管理的外部推动力，农户的风险管理行为在一定程度上取决于政策因素，这也是本书写作过程中的不足之处；另一方面，农户的病虫害防治措施多样化，不仅有脱毒种薯、地膜覆盖技术、低毒高效农药，还有农业基础设施等其他多种措施。所以，结合定西市商品薯生产与病虫害情况，构建适合当地病虫害风险管理措施的分析框架，或许是未来进一步研究的一个突破口。

附　录

定西市马铃薯产业办问卷

您的姓名：_____；联系方式：_____；填表日期：_____

附表1　2015—2017年本市种植商品薯的情况

	2015年	2016年	2017年
Q1. 本市种植马铃薯户数	1. 商品薯面积 _____ 户，2. 种植总面积 _____ 亩，3. _____ 亩产 _____ 千克，4. 种薯 _____ 户，5. 种植总面积 _____ 亩，6. _____ 亩产 _____ 千克	7. 商品薯面积 _____ 户，8. 种植总面积 _____ 亩，9. _____ 亩产 _____ 千克，10. 种薯 _____ 户，11. 种植总面积 _____ 亩，12. _____ 亩产 _____ 千克	13. 商品薯 _____ 户，14. 种植总面积 _____ 亩，15. _____ 亩产 _____ 千克，16. 种薯 _____ 户，17. 种植总面积 _____ 亩，18. _____ 亩产 _____ 千克
Q2. 种植品种	1. _____，2. _____，3. _____	4. _____，5. _____，6. _____	7. _____，8. _____，9. _____

— **83** —

（续表）

项目	2015 年	2016 年	2017 年
Q3. 亩均投入成本	1. ＿＿＿元/亩	2. ＿＿＿元/亩	3. ＿＿＿元/亩
Q4. 跟商品马铃薯轮作倒茬的农作物	1. ＿＿＿, 2. ＿＿＿, 3. ＿＿＿	4. ＿＿＿, 5. ＿＿＿, 6. ＿＿＿	7. ＿＿＿, 8. ＿＿＿, 9. ＿＿＿
Q5. 是否在本市开展品种示范	1. A. 有，B. 没有 ＿＿＿亩示范基地	2. A. 有，B. 没有 ＿＿＿亩示范基地	3. A. 有，B. 没有 ＿＿＿亩示范基地
Q6. 商品薯销售渠道	1. 农户自行市场销售＿＿＿%; 2. 合作社统销＿＿＿%; 3. 企业收购＿＿＿%; 4. 卖给小商贩＿＿＿%	5. 农户自行市场销售＿＿＿%; 6. 合作社统销＿＿＿%; 7. 企业收购＿＿＿%; 8. 卖给小商贩＿＿＿%	9. 农户自行市场销售＿＿＿%; 10. 合作社统销＿＿＿%; 11. 企业收购＿＿＿%; 12. 卖给小商贩＿＿＿%
Q7. 马铃薯良种繁育中心	1. ＿＿＿家	2. ＿＿＿家	3. ＿＿＿家
Q8. 大型的马铃薯贮藏库	1. ＿＿＿个, 2. 储藏量＿＿＿吨	3. ＿＿＿个, 4. 储藏量＿＿＿吨	5. ＿＿＿个, 6. 储藏量＿＿＿吨
Q9. 马铃薯加工企业	1. 全粉加工＿＿＿家, 2. 食品加工＿＿＿家, 3. 其他＿＿＿家	4. 全粉加工＿＿＿家, 5. 食品加工＿＿＿家, 6. 其他＿＿＿家	7. 全粉加工＿＿＿家, 8. 食品加工＿＿＿家, 9. 其他＿＿＿家
Q10. 马铃薯产销合作社	1. ＿＿＿家	2. ＿＿＿家	3. ＿＿＿家
Q11. 在本市开展马铃薯主粮化战略宣传	1. A. 有 B. 没有	2. A. 有 B. 没有	3. A. 有 B. 没有
Q12. 开展马铃薯培训次数	1. 种植培训＿＿＿次	2. 种植培训＿＿＿次	3. 种植培训＿＿＿次

马铃薯商品薯主产区村级问卷

您的姓名：_____；联系方式：_____；

您的地址：_____县（区）___镇___村；填表日期：_____

Q1. 本行政村的面积：_____平方千米

Q2. 本村的地形：A. 平原　B. 丘陵　C. 山地　D. 其他，请注明_____

Q3. 本村主要土壤类型：A. 沙土　B. 壤土　C. 黏土

Q4. 本村土地肥沃占比：肥沃地_____%，贫瘠地_____%

Q5. 本村距离最近的公路级别：A. 乡镇小路　B. 县道

C. 省道　D. 国道

Q6. 村委会离最近的乡级以上公路的距离：_____千米

Q7. 村委会到乡镇政府所在地的距离：_____千米

Q8. 村委会到县政府所在地的距离：_____千米

Q9. 本村距离最近的农贸市场：_____千米

Q10. 本村距离最近的植保站有：_____千米

Q11. 本村网络通讯是否良好：A. 是　B. 否

Q12. 本村居民收入主要来源（可多选）：

A. 种植　B. 养殖　C. 经商　D. 打工　E. 其他_____

Q13. 农忙时，在当地雇人干活容易程度：A. 容易　B. 不容易

Q14. 本村周边是否有马铃薯商品薯病虫害的监测防控站：A. 是

B. 否

Q15. 是否有人员过来开展马铃薯主粮化战略的宣传教育：A. 有

B. 没有

Q16. 本村是否有（或有过）农业保险：A. 是　B. 否

Q17. 如果有，本村农业保险开始年份：_____年

Q18. 投保以来村里有无农户获得过作物灾害赔付：A. 有
B. 没有

Q19. 2017 年本村是否有农业保险：A. 是　B. 否

Q20. 如果有保险，今年全村投保的农户数：_____户

Q21. 今年全村投保农户中知道自己参加了农业保险的比例：_____%

Q22. 今年农作物保险投保总面积：_____亩

Q23. 农户投保了哪些农作物种类（可多写）：_____

Q24. 农作物平均保费：_____元/亩

Q25. 今年牲畜保险投保数量：_____头

Q26. 农户投保了哪些牲畜种类（可多写）：_____

Q27. 牲畜平均保费：_____元/头

Q28. 2017 年，全村投保该作物（或畜禽）的农户是否获得了赔付：A. 是　B. 否

Q29. 如果 2017 年没有获得赔付，最近获得赔付的是哪一年：_____年

Q30. 全村投保该作物（或畜禽）的农户中获得赔付的比例：_____%

Q31. 农户获得赔付的标准：农作物：_____元/亩；牲畜：_____元/头

Q32. 你觉得所得赔付是否合理：A. 非常合理　B. 差不多，还可以　C. 不合理

Q33. 如果不合理，是哪些原因（可多选）：

A. 赔付太少　B. 理赔程序太过复杂　C. 赔付不及时

D. 赔付未直接发给农户，不透明　E. 其他（注明）_____

附表2 2015—2017年本村种植商品薯的情况

	2015年	2016年	2017年
Q34. 本村户籍人数	1. 女性____人, 2. 男性____人, 3. ____人、	4. 女性____人, 5. 男性____人, 6. ____人、	7. ____人, 8. 男性____人, 9. ____人、
Q35. 全村耕地总面积	1. ____苗地, 2. 实际灌溉面积____苗, 3. 旱地____苗, 4. 水浇	5. ____苗地, 6. 实际灌溉面积____苗, 7. 旱地____苗, 8. 水浇	9. ____苗地, 10. 实际灌溉面积____苗, 11. 旱地____苗, 12. 水浇地
Q36. 全村主要种植的作物种类	1. ____, 2. ____, 3. ____	4. ____, 5. ____, 6. ____	7. ____, 8. ____, 9. ____
Q37. 跟商品薯轮作倒茬的农作物	1. ____; 2. ____; 3. ____	4. ____; 5. ____; 6. ____	7. ____; 8. ____; 9. ____
Q38. 种植商品薯户数	1. ____户; 2. ____苗; 3. 亩产____千克	4. ____户; 5. ____苗; 6. 亩产____千克	7. ____户; 8. ____苗; 9. 亩产____千克
Q39. 种植商品薯品种	1. ____; 2. ____; 3. ____	4. ____; 5. ____; 6. ____	7. ____; 8. ____; 9. ____
Q40. 商品薯机械化程度	1. 种植环节____%; 2. 收获环节____%	3. 种植环节____%; 4. 收获环节____%	5. 种植环节____%; 6. 收获环节____%
Q41. 在本村开展商品薯品种示范	1.A. 有____苗示范基地 B. 没有	2.A. 有____苗示范基地 B. 没有	3.A. 有____苗示范基地 B. 没有
Q42. 商品薯苗均投入成本	1. ____元/苗	2. ____元/苗	3. ____元/苗

（续表）

	2015 年	2016 年	2017 年
商品薯产后用途	1. 农户自行市场销售 ___ %； 2. 合作社统销 ___ %； 3. 企业收购 ___ %； 4. 卖给小商贩 ___ %； 5. 自留 ___ %	6. 农户自行市场销售 ___ %； 7. 合作社统销 ___ %； 8. 企业收购 ___ %； 9. 卖给小商贩 ___ %； 10. 自留 ___ %	11. 农户自行市场销售 ___ %； 12. 合作社统 ___ %； 13. 企业收购 ___ %； 14. 卖给小商贩 ___ %； 15. 自留 ___ %
Q44. 商品薯良种繁育中心	1. ___ 家	2. ___ 家	3. ___ 家
Q45. 全村商品薯贮藏量	1. 贮藏量 ___ 吨	2. 贮藏量 ___ 吨	3. 贮藏量 ___ 吨
Q46. 10 千米范围内商品薯加工企业	1. 全粉加工 ___ 家、2. 食品加工 ___ 家、3. 其他 ___	4. 全粉加工 ___ 家、5. 食品加工 ___ 家、6. 其他 ___	7. 全粉加工 ___ 家、8. 食品加工 ___ 家、9. 其他 ___
Q47. 10 千米范围内商品薯产销合作社	1. ___ 家；2. 总社员 ___ 人	3. ___ 家；4. 总社员 ___ 人	5. ___ 家；6. 总社员 ___ 人
Q48. 开展商品薯培训次数	1. 种植培训 ___ 次	2. 种植培训 ___ 次	3. 种植培训 ___ 次

商品薯主产区农户种植行为调查问卷

第一部分：商品薯种植情况

Q1-1. 您种商品薯多少年：_____年

Q1-2. 您是通过什么途径选择种植商品薯（可多选）？

A. 政府宣传　B. 合作社动员　C. 自己想种　D. 别人介绍

E. 其他_____

Q1-3. 您是否加入商品薯种植合作社：A. 是　B. 否

如果是，您哪年加入合作社：_____

Q1-4. 合作社为您提供哪些服务（可多选）：

A. 种子　B. 生产　C. 储藏　D. 加工　E. 销售

Q1-5. 您是否与龙头企业签订商品薯产销订单：A. 是　B. 否

Q1-6. 您是否参加过农业技术培训：A. 是　B. 否

Q1-7. 您是否获得过农技推广服务：A. 是　B. 否

Q1-8. 您与当地农业技术人员的联系程度：

A. 总是　B. 经常　C. 有时　D. 很少　E. 从不

Q1-9. 种植商品薯过程中，哪些环节请别人帮忙（可多选）：

A. 整地　B. 播种　C. 施肥　D. 施农药　E. 收获　F. 其他__

_____　G. 不请人帮忙

Q1-10. 您种植商品薯的资金来源（可多选）：

A. 自有资金　B. 银行贷款　C. 企业或合作社贷款　D. 亲戚朋友借钱

Q1-11. 您种植商品薯薯种是脱毒种薯吗：A. 是　B. 否

Q1-12. 您种植商品薯薯种来源：A. 正规企业　B. 小商贩　C. 自留种

Q1-13. 您是否参加过商品薯种植技术培训：A. 是　B. 否

Q1-14. 您是否有灌溉用水使用权：A. 是　B. 否

Q1-15. 您种植商品薯浇水是否需要付费：　A 是　　B 否

Q1-16. 您种植商品薯是否获得如下补贴（可多选）：

A. 种植补贴　B. 农机补贴　C. 脱毒种薯补贴　D. 其他，请列出_____

Q1-17. 您在种植过程中是否采用以下措施或技术（可多选）：

A. 调整作物品种　B. 修建基础设施　C. 采用土壤保护技术

D. 改善农田周边生态环境　E. 调整农时　F. 增加农药投入

G. 增加灌溉

Q1-18. 您未来3年是否采用以下措施或技术（可多选）：

A. 调整作物品种　B. 修建基础设施　C. 采用土壤保护技术

D. 改善农田周边生态环境　E. 调整农时　F. 增加农药投入

G. 增加灌溉

Q1-19. 您是否能够通过各种方式满足马铃薯灌溉用水需求：A. 是　B. 否

Q1-20. 您是否采取了以下节水技术（可多选）：

A. 膜下滴灌技术　B. 稻草覆盖免耕栽培技术　C. 水窖集雨节灌技术　D. 全膜双垄沟播技术　E. 其他，请注明_____

Q1-21. 您认为当前种植商品薯存在的最大困难（单选）：

A. 资金短缺　B. 种植技术缺乏　C. 劳动力成本高　D. 土地投入不足　E. 缺水　F. 商品薯价格太低　G. 商品薯销售渠道缺乏

H. 其他，请注明_____

Q1-22. 为什么种植商品薯，不种其他作物：

A. 种植商品薯的经济效益更好　B. 种植商品薯得到的补贴更多

C. 您家的土地情况更适合种植商品薯　D. 马铃薯主粮化战略的提出

E. 政府或合作社鼓励种植马铃薯　F. 其他，请注明_____

Q1-23. 您种植商品薯有过最高的亩产_____千克

Q1-24. 您种植商品薯的技术是随机的吗？A. 是　　B. 否

Q1-25. 如果在提供技术和服务的情况下，您预计产量会提高多少：_____%

Q1-26. 今后您是否有增加种植商品薯的意愿：A. 是　　B. 否

Q1-27. 如果有意愿，原因是_____

Q1-28. 如果没有意愿，原因是_____

Q1-29. 您家明年准备种植商品薯，考虑最多的 5 个因素并从大到小排序：

_____

A. 亩均产量　B. 市场价格　C. 市场销路　D. 人工投入

E. 土地租金　F. 灌溉费用　G. 覆膜技术　H. 播种机械化

I. 收获机械化　J. 储藏技术　K. 良种补贴　L. 农机购置补贴

M. 脱毒种薯补贴　N. 其他

第二部分：农业保险

Q2-1. 您对农业保险知识的了解程度：

A. 非常了解　B. 比较了解　C. 一般　D. 比较不了解　E. 非常不了解

Q2-2. 您对农业保险公司的信任程度：

A. 非常了解　B. 比较了解　C. 一般　D. 比较不了解　E. 非常不了解

Q2-3. 您对农业保险的了解途径（可多选）：

A. 新闻媒体　B. 亲邻朋友　C. 企业、合作社或协会　D. 村干部　E. 政府宣传　F. 保险公司　G. 其他

Q2-4. 您认为农业保险对促进农业生产的作用：

A. 非常大　B. 比较大　C. 一般　D. 比较小　E. 非常小

Q2-5. 您认为从事农业的风险：

A. 非常大　　B. 比较大　　C. 有些大　　D. 不太大　　E. 很小或没有

	1. 2015 年	2. 2016 年	3. 2017 年
Q2-6. 是否参加了农业保险： 　　A. 是　B. 否			
Q2-7. 如参保，农业保险对受灾产量的保障水平： 　　A. 50%　　B. 70%　　C. 90% 　　D. 100%			
Q2-8. 如参保，对农业保险服务的满意程度： 　　A. 非常满意　B. 比较满意 　　C. 一般　　D. 不太满意 　　E. 不满意			

★农业保险需求调查

答题前须知：

当前市场上存在各种农业保险。但是种植户对于农业保险的一些需求仍然没有得到满足。以下 4 组问题是为了解您对农业保险的需求偏好。假定一款保险产品有如下 5 种主要特点：保险范围，获赔损失比例起点，险种涉及的作物种类，补贴后每年保费，理赔程序烦琐程度。

第一，保险范围包括以下 4 种等级（不用填）：

1. 旱灾、雹灾、病灾、虫灾；

2. 旱灾、雹灾、病灾、虫灾、火灾；

3. 旱灾、雹灾、病灾、虫灾、火灾、水灾、风灾；

4. 旱灾、雹灾、病灾、虫灾、火灾、水灾、风灾、价格下跌、成本上升。

第二，获赔损失比例起点包括以下 4 种等级（不用填）：

1. 您投保后获得的产量损失赔付比例至少 30%；

2. 您投保后获得的产量损失赔付比例至少 50%；

3. 您投保后获得的产量损失赔付比例至少 70%；

4. 您投保后获得的产量损失赔付比例至少 90%。

第三，险种涉及的作物种类包括以下两类（不用填）：

1. 仅为马铃薯保险；

2. 不仅为马铃薯保险，还包括其他作物品种保险。

第四，补贴后每年保费包括以下 5 种档次（不用填）：

1. 政府补贴之后，您每年每亩需要支付的农业保险费用是 5 元；

2. 政府补贴之后，您每年每亩需要支付的农业保险费用是 10 元；

3. 政府补贴之后，您每年每亩需要支付的农业保险费用是 15 元；

4. 政府补贴之后，您每年每亩需要支付的农业保险费用是 20 元；

5. 政府补贴之后，您每年每亩需要支付的农业保险费用是 25 元。

第五，理赔程序烦琐程度包括以下3个档次（不用填）：

1. 农业保险的理赔程序烦琐程度低；

2. 农业保险的理赔程序烦琐程度中等；

3. 农业保险的理赔程序烦琐程度高。

如果您对以上5种特点和其等级有疑虑，请向调研人员指出，调研人员会为您详细解释。

假定您现在为下一个种植年份考虑是否需要参与农业保险，在以下4个问题当中，每一个问题会有保险产品A，保险产品B，都不想购买3种选项供您选择。其中，保险产品A和B在以上5种特点当中，会有至少一项特点不同。请按照您的需求与偏好，在3种选项当中选择最适合您的一项（单选题）。以下4个问题没有任何相关性，请单独考虑和回答。

Q2-9. 现在有两种农业保险类型，请您根据选择一项或不想购买，请打钩：

保险特点	农业保险产品A	农业保险产品B	不想购买
保险范围	旱灾、雹灾、病灾、虫灾、火灾、水灾、风灾	旱灾、雹灾、病灾、虫灾、火灾	
获赔损失比例起点	70%	90%	
险种涉及的作物种类	仅是商品薯保险	对商品薯和其他作物也保险	
补贴后每年保费	25元/亩	15元/亩	
理赔程序烦琐程度	低	中等	
请打√（单选）	☐ A. 选择产品A	☐ B. 选择产品B	☐ C. 都不想购买

Q2-10. 现在有两种农业保险类型，请您根据选择一项或不想购买，请打钩：

保险特点	农业保险产品 C	农业保险产品 D	不想购买
保险范围	旱灾、雹灾、病灾、虫灾、火灾、水灾、风灾	旱灾、雹灾、病灾、虫灾	
获赔损失比例起点	50%	70%	
险种涉及的作物种类	对商品薯和其他作物也保险	仅是商品薯保险	
补贴后每年保费	10 元/亩	15 元/亩	
理赔程序烦琐程度	高	中等	
请打√（单选）	☐ A. 选择产品 C	☐ B. 选择产品 D	☐ C. 都不想购买

Q2-11. 现在有 2 种农业保险类型，请您根据选择一项或不想购买，请打钩：

保险特点	农业保险产品 E	农业保险产品 F	不想购买
保险范围	旱灾、雹灾、病灾、虫灾	旱灾、雹灾、病灾、虫灾、火灾	
获赔损失比例起点	50%	30%	
险种涉及的作物种类	仅是商品薯保险	对商品薯和其他作物也保险	
补贴后每年保费	10 元/亩	25 元/亩	
理赔程序烦琐程度	高	低	
请打√（单选）	☐ A. 选择产品 E	☐ B. 选择产品 F	☐ C. 都不想购买

Q2-12. 现在有 2 种农业保险类型，请您根据选择一项或不想购买，请打钩：

保险特点	农业保险产品 G	农业保险产品 H	不想购买
保险范围	旱灾、雹灾、病灾、虫灾、火灾、水灾、风灾	旱灾、雹灾、病灾、虫灾、火灾、水灾、风灾、价格下跌、成本上升	
获赔损失比例起点	30%	90%	
险种涉及的作物种类	仅是商品薯保险	对商品薯和其他作物也保险	
补贴后每年保费	15 元/亩	20 元/亩	
理赔程序烦琐程度	中等	高	
请打√（单选）	☐ A. 选择产品 G	☐ B. 选择产品 H	☐ C. 都不想购买

第三部分：商品薯的储藏销售

Q3-1. 您家商品薯主要如何储藏（单选）：

A. 地窖　B. 半地下储藏窖　C. 靠山储窖　D. 石窖

E. 现代化冷库（带有通风/制冷设备）　F. 其他，请注明____
____　G. 没有储藏

Q3-2. 今年您对商品薯的产后用途及比重：

A. 合作社统销_____%　B. 企业收购_____%　C. 小商贩_____%　D. 自己市场出售_____%　E. 自留_____%

Q3-3. 今后您对商品薯的产后销路（可多选）：

A. 合作社统销　B. 企业收购　C. 小商贩　D. 自己市场出售
E. 自留

Q3-4. 您认为今年商品薯目前的销路比以前：

A. 不如以前　　B. 差不多　　C. 比以前好　　D. 不清楚

第四部分：社会关系

Q4-1. 您在农忙季节邻里是否帮助收获：A. 是　B. 否

Q4-2. 与亲戚朋友、邻居间的交流是否频繁：A. 是　B. 否

Q4-3. 您家是否有亲戚在政府和事业单位工作：A. 是　B. 否

Q4-4. 您家是否有亲戚在信用社或银行工作：A. 是　B. 否

Q4-5. 您家亲属是否有从事商品薯加工：A. 是　B. 否

Q4-6. 若是，您是否卖给他／她：A. 是　B. 否

Q4-7. 您家亲属从事商品薯销售：A. 是　B. 否

Q4-8. 若是，您是否卖给他／她：A. 是　B. 否

第五部分：马铃薯主粮化的认知情况

Q5-1. 您对马铃薯被确定为我国第四大主要粮食的了解程度：

A. 非常了解　B. 比较了解　C. 有一点了解　D. 听说过，但不了解　E. 没听说过

Q5-2. 您是否支持马铃薯主食产业化的推进：

A. 支持　　　B. 不确定　　　　C. 不支持

Q5-3. 您是通过什么渠道了解到马铃薯主粮化战略（可多选）：

A. 新闻媒体　B. 亲邻朋友　C. 企业、合作社或协会　D. 村干部　E. 政府宣传　F. 其他

Q5-4. 您认为马铃薯主粮化对解决温饱问题的作用大吗？

A. 非常大　B. 比较大　　　C. 一般　　D. 比较小　　　E. 非常小

Q5-5. 您认为有必要对马铃薯主粮化的相关知识进行宣传和培训吗？

A. 有必要　　　　B. 无所谓　　　C. 没有必要

Q5-6. 您对马铃薯营养价值和功能的了解程度：

A. 非常了解　B. 了解　C. 一般　D. 不了解　E. 非常不了解

Q5-7. 您对马铃薯的通常吃法是：＿＿＿＿＿＿＿＿＿

Q5-8. 日常生活中，您一周吃几顿马铃薯：＿＿＿＿＿＿

Q5-9. 如果马铃薯馒头、粉条等产品的价格高，您还愿意购买吗？

A. 非常愿意　B. 比较愿意　C. 一般　D. 不太愿意　E. 不愿意

第六部分：气候变化认知

Q6-1. 在过去 20 年间（1997—2016 年），您是否意识到年平均气温：

A. 呈下降趋势　B. 保持稳定　C. 呈上升趋势

Q6-2. 在过去 20 年间（1997—2016 年），您是否意识到年平均降水量：

A. 呈下降趋势　B. 保持稳定　C. 呈上升趋势

Q6-3. 近五年，您认为当地气候是否影响商品薯种植：

A. 是，正面影响　B. 是，负面影响　C. 否，没有影响

Q6-4. 近五年，您认为干旱是否更加频繁地发生：A. 是　B. 否

Q6-5. 您是否经常收听天气预报：A. 是　B. 否

Q6-6. 在过去一年内是否收到政府提供的灾害预警信息：A. 是　B. 否

Q6-7. 村庄是否宣传应对气候变化措施：A. 是　B. 否

第七部分：种植户主基本信息

Q7-1. 您的性别：A. 男　B. 女

Q7-2. 出生年：_____

Q7-3. 民族：_____

Q7-4. 您是否村干部：A. 是　B. 否

Q7-5. 您是否党员：A. 是　B. 否

Q7-6. 您的婚姻状况：A. 未婚　B. 已婚　C. 离异　D. 丧偶

Q7-7. 您的文化程度：A. 小学以下　B. 小学　C. 初中　D. 高中专　E. 大专及以上

Q7-8. 您的健康状况：A. 良好　B. 一般　C. 不好

Q7-9. 您还从事其他非农职业吗？_____；从事的地点：_____

每年大约_____天

Q7-10. 家庭常住总人数：_____人，其中，劳动力：_____人，

种植商品薯劳动力：_____人

Q7-11. 家庭在城市务工的人数：_____人，2014 年，2015 年，2016 年的 3 年中平均每年收到在外务工家庭成员的汇款数：_____元

Q7-12. 您家庭总收入（非净收入）：2015 年____元，2016 年_____元

Q7-13. 如下有 6 项不同的投资类型，您喜欢哪一项（单选）：

A. 50%的机会最低回报 28 元，50%的机会最高回报 28 元

B. 50%的机会最低回报 24 元，50%的机会最高回报 36 元

C. 50%的机会最低回报 20 元，50%的机会最高回报 44 元

D. 50%的机会最低回报 16 元，50%的机会最高回报 52 元

E. 50%的机会最低回报 12 元，50%的机会最高回报 60 元

F. 50%的机会最低回报 2 元，50%的机会最高回报 70 元

第八部分：商品薯的成本收益

附表3 2015—2017年农户种植商品薯的成本收益

	2015年	2016年	2017年
Q8-1 您家拥有的所有耕地面积	1. 土地包地____亩，其中，2. 自有承包地____亩，3. 租入土地____亩，4. 租出土地____亩	5. 种植包地____亩，其中，6. 自有承包地____亩，7. 租入土地____亩，8. 租出土地____亩	9. 种植____亩，其中，10. 自有承包地____亩，11. 租入土地____亩，12. 租出土地____亩
Q8-2 商品薯种植面积	1. 共____亩，其中，2. 肥沃土地:____亩，3. 贫瘠土地:____亩，4. 收获____	5. 共____亩，其中，6. 肥沃土地:____亩，7. 贫瘠土地:____亩，8. 收获____	9. 种植____亩，其中，10. 肥沃土地:____亩，11. 贫瘠土地:____亩，12. 收获____
Q8-3 种植的商品薯品种	1. 品种1名称:____，2. 种植面积____亩，3. 单产____千克/亩，4. 种子费用____元，5. 品种2名称:____，6. 种植面积____亩，7. 单产____千克/亩，8. 种子费用____元，9. 品种3名称:____，10. 种植面积____亩，11. 单产____千克/亩，12. 种子费用____元	13. 品种1名称:____，14. 种植面积____亩，15. 单产____千克/亩，16. 种子费用____元，17. 品种2名称:____，18. 种植面积____亩，19. 单产____千克/亩，20. 种子费用____元，21. 品种3名称:____，22. 种植面积____亩，23. 单产____千克/亩，24. 种子费用____元	25. 品种1名称:____，26. 种植面积____亩，27. 单产____千克/亩，28. 种子费用____元，29. 品种2名称:____，30. 种植面积____亩，31. 单产____千克/亩，32. 种子费用____元，33. 品种3名称:____，34. 种植面积____亩，35. 单产____千克/亩，36. 种子费用____元
Q8-4 肥料	1. 投入量:____千克，2. 费用____元	3. 投入量:____千克，4. 费用____元	5. 投入量:____千克，6. 费用____元
Q8-5 农药	1. 费用____元	2. 费用____元	3. 费用____元
Q8-6 人工	1. 费用____天，2. 投入量:____元	3. 费用____天，4. 投入量:____元	5. 费用____天，6. 投入量:____元
Q8-7 农机费用	1. 费用____元	2. 费用____元	3. 费用____元
Q8-8 地租	1. 租金____元/亩	2. 租金____元/亩	3. 租金____元/亩

（续表）

	2015 年	2016 年	2017 年
Q8-9 亩均成本	1. ___ 元/亩	2. ___ 元/亩	3. ___ 元/亩
Q8-10 休耕补贴	1. 休耕 ___ 元/亩，2. 补贴 ___	3. 休耕 ___ 元/亩，4. 补贴 ___	5. 休耕 ___ 元/亩，6. 补贴 ___
Q8-11 销售情况	1. ___ 千克，2. 销售均价 ___ 元/千克	3. ___ 千克，4. 销售均价 ___ 元/千克	5. ___ 千克，6. 销售均价 ___ 元/

第九部分：商品薯的风险管理

附表 4　2015—2017 年农户种植商品薯的风险管理

		2015 年	2016 年	2017 年
Q9-1 病害	1. 病害发生次数	1. 共 ___ 次，2. 病害 1 名称 ___，3. 病害 2 名称 ___	4. 共 ___ 次，5. 病害 1 名称 ___，6. 病害 2 名称 ___	7. 共 ___ 次，8. 病害 1 名称 ___，9. 病害 2 名称 ___
	2. 受灾面积	1. ___ 亩	2. ___ 亩	3. ___ 亩
	3. 受灾产量	1. ___ 千克	2. ___ 千克	3. ___ 千克
	4. 病株率	1. ___ %	2. ___ %	3. ___ %
	5. 能认识常见病害吗		A. 是　B. 否	
	6. 能了解常见病害发生规律吗		A. 是　B. 否	

（续表）

		2015 年	2016 年	2017 年
Q9-2 虫害	1. 虫害发生次数	1. ____次, 2. 虫害名称1 ____ , 3. 虫害名称2 ____	4. ____次, 5. 虫害名称1 ____ , 6. 虫害名称2 ____	7. ____次, 8. 虫害名称1 ____ , 9. 虫害名称2 ____
	2. 受灾面积	1. ____ 亩	2. ____ 亩	3. ____ 亩
	3. 受灾产量	1. ____ 千克	2. ____ 千克	3. ____ 千克
	4. 病株率	1. ____ %	2. ____ %	3. ____ %
	5. 是否能认识常见虫害		A. 是　B. 否	
	6. 是否能了解常见虫害发生规律		A. 是　B. 否	
Q9-3 是否采用脱毒种薯		A. 是　B. 否	A. 是　B. 否	A. 是　B. 否
Q9-4 是否采用地膜覆盖栽培技术		A. 是　B. 否	A. 是　B. 否	A. 是　B. 否
Q9-5 是否有良种投入		A. 是　B. 否	A. 是　B. 否	A. 是　B. 否
Q9-6 地块是否肥沃		A. 是　B. 否	A. 是　B. 否	A. 是　B. 否
Q9-7 是否采用节水技术		A. 是　B. 否	A. 是　B. 否	A. 是　B. 否
Q9-8 是否采用低毒高效的农药		A. 是　B. 否	A. 是　B. 否	A. 是　B. 否

第十部分：其他作物的投入成本和收益

附表5 2016年农户同时种植其他作物的投入成本和收益

	种植面积	种子	肥料	农药	人工	机械	土地租金	政策补贴	亩产	总销售量	出售均价	亩均成本
Q10-1 玉米	1. ___ 亩	2. 费用___ 元	3. 用量: ___千克, 4. 费用___ 元	5. 费用___ 元	6. 费用___ 元	7. 费用___ 元	8. ___ 元	9. ___ 元	10. ___ 千克/亩	11. ___ 千克	12. ___ 元/千克	13. ___ 元
Q10-2 豌豆	1. ___ 亩	2. 费用___ 元	3. 用量: ___千克, 4. 费用___ 元	5. 费用___ 元	6. 费用___ 元	7. 费用___ 元	8. ___ 元	9. ___ 元	10. ___ 千克/亩	11. ___ 千克	12. ___ 元/千克	13. ___ 元
Q10-3 春小麦	1. ___ 亩	2. 费用___ 元	3. 用量: ___千克, 4. 费用___ 元	5. 费用___ 元	6. 费用___ 元	7. 费用___ 元	8. ___ 元	9. ___ 元	10. ___ 千克/亩	11. ___ 千克	12. ___ 元/千克	13. ___ 元
Q10-4 胡麻	1. ___ 亩	2. 费用___ 元	3. 用量: ___千克, 4. 费用___ 元	5. 费用___ 元	6. 费用___ 元	7. 费用___ 元	8. ___ 元	9. ___ 元	10. ___ 千克/亩	11. ___ 千克	12. ___ 元/千克	13. ___ 元
Q10-5	1. ___ 亩	2. 费用___ 元	3. 用量: ___千克, 4. 费用___ 元	5. 费用___ 元	6. 费用___ 元	7. 费用___ 元	8. ___ 元	9. ___ 元	10. ___ 千克/亩	11. ___ 千克	12. ___ 元/千克	13. ___ 元
Q10-6	1. ___ 亩	2. 费用___ 元	3. 用量: ___千克, 4. 费用___ 元	5. 费用___ 元	6. 费用___ 元	7. 费用___ 元	8. ___ 元	9. ___ 元	10. ___ 千克/亩	11. ___ 千克	12. ___ 元/千克	13. ___ 元
Q10-7	1. ___ 亩	2. 费用___ 元	3. 用量: ___千克, 4. 费用___ 元	5. 费用___ 元	6. 费用___ 元	7. 费用___ 元	8. ___ 元	9. ___ 元	10. ___ 千克/亩	11. ___ 千克	12. ___ 元/千克	13. ___ 元
Q10-8	1. ___ 亩	2. 费用___ 元	3. 用量: ___千克, 4. 费用___ 元	5. 费用___ 元	6. 费用___ 元	7. 费用___ 元	8. ___ 元	9. ___ 元	10. ___ 千克/亩	11. ___ 千克	12. ___ 元/千克	13. ___ 元

备注：除了玉米、豌豆、春小麦、胡麻，您如果还种植其他作物，请在Q10-5、Q10-6、Q10-7、Q10-8一行中补充填写

参考文献

柏正杰，宋华 . 2012. 论政策性马铃薯保险与甘肃省马铃薯产业
　　发展 [J]. 发展 (7)：74-77.

宝希吉日，黄晶，乌日根巴雅尔 . 2015. 内蒙古牧户风险管理行
　　为的实证研究 [J]. 财经理论研究 (2)：33-40.

蔡书凯 . 2013. 经济结构、耕地特征与病虫害绿色防控技术采纳的
　　实证研究——基于安徽省 740 个水稻种植户的调查数据 [J].
　　中国农业大学学报，18 (4)：208-215.

陈新建 . 2017. 感知风险、风险规避与农户风险偏好异质性——
　　基于对广东适度规模果农风险偏好的测度检验 [J]. 广西大学
　　学报 (哲学社会科学版)，39 (3)：85-91.

段嫩嫩，陈琴，顾董琴，等 . 2014. 城市社区居民灾害认知及灾
　　害救护技能培训需求分析 [J]. 护理研究，28 (11)：
　　4140-4141.

葛全胜，陈泮勤，方修琦，等 . 2004. 全球变化的区域适应研究：
　　挑战与研究对策 [J]. 地球科学进展，19 (4)：516-524.

谷政，卢亚娟 . 2015. 农户对气候灾害认知以及应对策略分析
　　[J]. 学海 (4)：95-101.

郭江 . 2013. 定西市政策性马铃薯保险定西市政策性马铃薯保险
　　开展情况调查 [J]. 甘肃金融 (8)：53-55.

贺梅英，庄丽娟 . 2017. 自然风险对农户技术采用行为的影响——

以荔枝为例 [J]. 中国农业资源与区划, 38 (6): 85-93.

[美] 黄宗智 . 1986. 华北的小农经济与社会变迁 [M]. 北京: 中华书局 .

姜丽萍, 符丽燕, 王一婷, 等 . 2011. 居民对台风灾害影响的认知及应对能力分析 [J]. 中国农村卫生事业管理, 31 (7): 715-717.

[美] 加里·贝克尔 . 1993. 人类行为的经济分析 (中译本) [M]. 上海: 上海三联书店 .

靳一凡, 魏本勇, 苏桂武, 等 . 2015. 青海玉树地区政府人员地震灾害认知特点的初步分析 [J]. 灾害学, 30 (4): 229-234.

刘春艳 . 2017. 基于农户视角的内蒙古农业风险管理影响因素分析 [J]. 江苏农业科学, 45 (6): 342-345.

刘晓东, 张墅芸 . 2008. 马铃薯主要地下虫害早防治 [J]. 现代农业 (4): 25.

李璐伊 . 2016. 金融支持马铃薯产业发展的国际经验和启示 [J]. 安徽农业科学, 44 (16): 235-237.

李阳, 曹琼, 王国星, 等 . 2013. 农户购买政策性马铃薯保险的影响因素研究——基于定西市安定区 339 户农户的调查 [J]. 甘肃农业 (19): 35-37.

李岩梅, 刘长江, 李纾 . 2007. 认知、动机、情感因素对谈判行为的影响 [J]. 心理科学进展, 15 (3): 511-517.

罗小锋, 李文博 . 2011. 农户减灾需求及影响因素分析——基于湖北省 352 户农户的调查 [J]. 农业经济问题 (9): 65-71.

马兴栋, 霍学喜 . 2017. 生计资本异质对农户采纳环境友好型技术的影响——以病虫害防治技术为例 [J]. 农业经济与管理 (5): 54-62.

米松华，黄祖辉，朱奇彪，等.2014.农户低碳减排技术采纳行为研究［J］.浙江农业学报（3）：797-804.

牛旭鹰.2014."薯都"农民薯保险的调查与思考［J］.农业科技与信息（3）：54-55.

［俄］恰亚诺夫，萧正洪译.1996.农民经济组织［M］.北京：中央编译出版社.

邱广伟.2009.马铃薯黑痣病的发生与防治［J］.农业科技通讯（6）：133-134.

孙业红，周洪建，魏云洁.2015.旅游社区灾害风险认知的差异性研究——以哈尼梯田两类社区为例［J］.旅游学刊（12）：46-54.

塔娜.2016.马铃薯收入指数保险研究［J］.中外企业家（22）：246.

王振军.2014.不同保险方式下农户购买农业保险的意愿分析——陇东黄土高原区524户农户问卷调查［J］.兰州大学学报（社会科学版），42（2）：132-138.

王振军.2015.马铃薯旱灾保险的理赔指数及保险费率研究——以陇东黄土高原区为例［J］.兰州大学学报（社会科学版）（1）：130-135.

魏本勇，苏桂武，吴琼，等.2012.农村家庭认知与响应地震灾害的特点及其家庭际差异——以2007年云南宁洱海6.4级地震灾区为例［J］.自然灾害学报，21（4）：116-124.

文彦君.2011.城市小区居民地震灾害认知与响应的初步研究——以宝鸡市宝钛小区为例［J］.中国地震，27（2），173-181.

［美］西奥多·舒尔茨著，梁小民译.1987.改造传统农业［M］.北京：商务印书馆.

薛娜，许敏.2015.吉林市城区居民自然灾害认知现状调查［J］.科技创新导报（17）：232.

张琦，张艳荣，刘佳伟 .2013. 政策性农业保险模式探讨——以甘肃省民乐县马铃薯保险模式为例 ［J］. 农业展望（4）：31-36.

张小有，刘红，赖观秀 .2018. 基于农户风险偏好的农业低碳技术采用行为研究——以江西为例 ［J］. 科技管理研究（5）：253-259.

张亚旭，周晓林 .2001. 认知心理学 ［M］. 长春：吉林教育出版社.

张宗军，刘琳，吴梦杰 .2016. 基于差异化费率的农业保险保费补贴机制优化——以甘肃马铃薯保险为例 ［J］. 华中农业大学学报（社会科学版）（4）：1-8.

赵雪雁，赵海莉，刘春芳 .2015. 石羊河下游农户的生计风险及应对策略——以民勤绿洲区为例 ［J］. 地理研究，34（5）：922-932.

祝雪花，姜丽萍，董超群，等 .2012. 台风等重大灾害性事件的风险认知及预警机制 ［J］. 灾害学，27（2）：62-66.

朱友理，邱晓红，吴小美，等 .2015. 基于 Logit 模型的农户病虫害专业化防治意愿及影响因素分析——以镇江市为例 ［J］. 江西农业学报，27（4）：121-124.

Aitchison J, Silvey S D. 1957. The generalization of probit analysis to the case of multiple responses ［J］. Biometrika（44）：131-140.

Alexander C E, Van M T. 2006. Determinants of Corn Rootworm Resistant Corn Adoption in Indiana ［J］. Agbioforum，8（4）：197-201.

Barungi M, Ng'ong'ola D H, A Edriss A. 2013. Factors Influencing the Adoption of Soil Erosion Control Technologies by Farmers along the Slopes of Mt. Elgon in Eastern Uganda ［J］. Journal of Sustainable Development, 2 (6): 9-25.

Baytiyeh H. , Adem Öcal A. 2016. High school students' perceptions of earthquake disaster: A comparative study of Lebanon and Turkey [J]. International Journal of Disaster Risk Reduction (18): 56-63.

Biswas A. , Hasan M. , Rahman M. , et al. 2015. Disaster Risk Identification in Agriculture Sector: Farmer's Perceptions and Mitigation practices in Faridpur [J]. American Journal of Rural Development, 3 (3): 60-7.

Cappellari L. , Jenkins S. P. 2003. Multivariate probit regression using simulated maximum likelihood [J] . The Stata Journal, 3 (3): 278-294.

Deng A L, Ogendo J O. , Owuor G. et al. 2009. Factors determining the use of botanical insect pest control methods by small-holder farmers in the Lake Victoria basin, Kenya [J]. African Journal of Environmental Science and Technology, 3 (5): 108-115.

Gallant A R. 1975. Seemingly unrelated nonlinear regressions [J]. Journal of Econometics, 3: 35-50.

Jaya K. , Ardi M. , Sjam S. , et al. 2015. Onion farmers behavior in ecosystem-based pest (EBP) control in Sigi District of Central Sulawesi province [J]. Man In India, 95 (3): 649-659.

Omolehin R. A, Ogunfiditimi T. O, Adeniji O B. 2007. Factors Influencing Adoption of Chemical Pest Control in Cowpea Production among Rural Farmers in Makarfi Local Government Area of Kaduna State, Nigeria [J]. International Journal of Agricultural Research, 2 (11): 920-928.

Parvar A. , Radjabi R. , Najmeh Azimi Zadeh N. Z. 2013. Economic and social factors effective on biological control adoption against pest by Jiroft farmers [J]. Applied mathematics in Engineering, Management and Technology, 1 (2): 61-66.

Zellner A. 1962. An efficient method of estimating seemingly unrelated regression and tests for aggregation bias [J]. Journal of the American Statistical Association (57): 348-368.